建筑施工图

JIANZHU
SHIGONGTU SHILI

实例

——基于"项目导入法"教学与应用型人才培养

主　编　李文渊　刘宝县　吴明军

副主编　雍　军　廖　贤　蒋守兰

西南交通大学出版社
·成都·

内容提要

本书精选最新的某建筑工程实例，依据现行规范和标准并从出版的角度修改优化而成。本实例包括了建筑、结构、水电、暖通，主体、基础、地下室几大部分全套施工图纸。本书是基于应用型人才培养、以"项目导入与驱动"工程教育理念出版，可作为高等院校土木工程、工程管理和工程造价本科以及建筑工程技术、工程造价等专科专业的专业课程配套教材，适用于从低年级到高年级各个阶段，也可作为相关专业工程技术人员的参考书。

图书在版编目（CIP）数据

建筑施工图实例：基于"项目导入法"教学与应用型人才培养／李文渊，刘宝县，吴明军主编. —成都：西南交通大学出版社，2015.8
ISBN 978-7-5643-4150-3

Ⅰ. ①建… Ⅱ. ①李… ②刘… ③吴… Ⅲ.①建筑制图－教学研究－高等学校②建筑制图－人才培养－研究－高等学校 Ⅳ. ①TU204

中国版本图书馆 CIP 数据核字（2015）第 188375 号

责任编辑　曾荣兵
封面设计　墨创文化

建筑施工图实例——基于"项目导入法"教学与应用型人才培养

主编　李文渊　刘宝县　吴明军

出版发行	西南交通大学出版社 （四川省成都市金牛区交大路 146 号　610031）
发行电话	028-87600564　028-87600533
网　址	http://www.xnjdcbs.com
印　刷	成都市书林印刷厂
成品尺寸	420 mm×285 mm
印　张	8.25
插　页	2
字　数	212 千
版　次	2015 年 8 月第 1 版
印　次	2015 年 8 月第 1 次
书　号	ISBN 978-7-5643-4150-3
定　价	30.00 元

前　言

　　目前，从国家到省市及高校，正广泛推行卓越工程师教育培养计划，高度重视应用型人才培养，强调工程能力培养的突出地位。当下，工程教育主要还是侧重于专业理论课程、专业实践课程的"碎片化"、"分散化"的教与学方式。重理论、轻实践，重课程讲授、轻工程"导入与驱动"，工程的完整直观概念和表达很是模糊。本书的出版，旨在改革现有的培养模式，将"项目导入与驱动"理念植入，让学生从低年级即开始接触到一个建筑工程完整的施工图纸，使其与各门专业课程的学习紧密结合与串联，至少起到珍珠项链中"线"的作用，价值倍增。

　　行业企业与高校一直以来都在思考与呼吁，编者也想借此作为尝试，把发达国家工程教育的先进理念举措引入过来，抛砖引玉，推动改革。不足之处，敬请批评指正，对此我们深表谢忱。

编　者

2015 年 5 月

目　录

现 制 图 图 纸 目 录

序号	图 纸 名 称	图号	规格	版本号/修改码	备 注
1	现制图图纸目录 选用图集目录	01	A2	A	2014.04.15
2	施工图设计说明	02	A2	00	2014.04.15
3	施工图设计说明	03	A2	00	2014.04.15
4	施工图设计说明	04	A2	00	2014.04.15
5	工程做法表	05	A2	00	2014.04.15
6	工程做法表	06	A2	00	2014.04.15
7	一层平面图	07	A2	00	2014.04.15
8	二层平面图	08	A2	00	2014.04.15
9	三层平面图	09	A2	00	2014.04.15
10	屋顶平面图	10	A2	00	2014.04.15
11	⑭—⑮立面图	11	A2	00	2014.04.15
12	⑮—⑭立面图	12	A2	00	2014.04.15
13	⑬—⑮立面图	13	A2	00	2014.04.15
14	⑭—⑫立面图	14	A2	00	2014.04.15
15	1—1剖面图	15	A2	00	2014.04.15
16	2—2剖面图	16	A2	00	2014.04.15
17	1#楼梯电梯大样一	17	A2	00	2014.04.15
18	1#楼梯电梯大样一	18	A2	00	2014.04.15
19	1#楼梯电梯大样二	19	A2	00	2014.04.15
20	2#楼梯及卫生间大样一	20	A2	00	2014.04.15
21	2#楼梯及卫生间大样一	21	A2	00	2014.04.15
22	2#楼梯大样二	22	A2	00	2014.04.15
23	门窗大样一	23	A2	00	2014.04.15
24	门窗大样一	24	A2	00	2014.04.15
25	门窗大样二	25	A2	00	2014.04.15
26	门窗大样二	26	A2	00	2014.04.15
27	节点大样一	27	A2	00	2014.04.15
28	节点大样一	28	A2	00	2014.04.15

选 用 图 集 目 录

序号	图 集 名 称	图集代号	册数	备 注
1	墙	西南11J112	全册	西南地区建筑标准设计通用图
2	刚性、柔性防水隔热屋面	西南11J201	全册	西南地区建筑标准设计通用图
3	坡屋面	西南11J202	全册	西南地区建筑标准设计通用图
4	楼地面	西南11J312	全册	西南地区建筑标准设计通用图
5	阳台、外廊、楼梯栏杆	西南11J412	全册	西南地区建筑标准设计通用图
6	室内装修	西南11J515	全册	西南地区建筑标准设计通用图
7	室外装修	西南11J516	全册	西南地区建筑标准设计通用图
8	厨房、卫生间、浴室设施	西南11J517	全册	西南地区建筑标准设计通用图
9	木门	西南11J611	全册	西南地区建筑标准设计通用图
10	室外附属工程	西南11J812	全册	西南地区建筑标准设计通用图
11	平屋面建筑构造	国标12J201	全册	中国建筑标准设计研究院出版
12	屋面节能建筑构造	国标06J204	全册	中国建筑标准设计研究院出版
13	墙体节能建筑构造	国标06J123	全册	中国建筑标准设计研究院出版
14	外墙外保温建筑构造	国标10J121	全册	中国建筑标准设计研究院出版
15	建筑节能门窗（一）	国标06J607-1	全册	中国建筑标准设计研究院出版
16	楼梯栏杆栏板（一）	国标06J403-1	全册	中国建筑标准设计研究院出版
18	常用建筑色	国标02J503-1	全册	中国建筑标准设计研究院出版
19	防火门窗	国标12J609	全册	中国建筑标准设计研究院出版
20	变形缝建筑构造（一）	国标04CJ01-1	全册	中国建筑标准设计研究院出版

XXX 市建筑设计研究院

审 定		校 对		工程名称		图 纸	现制图图纸目录 选用图集目录	图 别	建 施	阶 段	
审 核		设计负责人				名 称		日 期			
项目负责人		设 计 人		项目名称				图 号	01	比 例	1:100

1

建筑施工图设计说明

1. 设计依据:

1.1 甲方提供的建筑设计方案

1.2 本工程主要使用的国家现行规范及规定,主要有:

《民用建筑设计通则》　　　　　GB50352-2005

《建筑设计防火规范》　　　　　GB50016-2006

《商店建筑设计规范》　　　　　JGJ 48-88

《屋面工程技术规范》　　　　　GB50345-2012

《屋面工程质量验收规范》　　　GB50207-2012

《建筑内部装修设计防火规范》　GB50222-1995　(2001 年修订版)

《建筑外墙防水工程技术规程》　JGJ/T235-2011

《公共建筑节能设计规范》　　　GB50189-2005

《工程建设标准强制性条文(房屋建筑部分)》(2013 年版)

《建筑工程建筑面积计算规范》　GB/T50353-2005

《建筑玻璃应用技术规程》　　　JGJ113-2009

《民用建筑热工设计规范》　　　GB50176-93

2. 建设单位:绵阳科技城发展投资(集团)有限公司

3. 项目概况:

3.1 本工程项目名称:绵阳科展馆二期草溪河综合整治工程,设计号为:2014052;

3.2 工程概况:本项目位于四川省绵阳市高新区组团,东至永安路,北至绵兴西路,南至飞云大道,西至会展货运通道。紧邻草溪河,拥有良好的自然环境资源。项目总占地面积:73827m²,总建筑面积:24399.4m²。

本项目分A、B、C、D四个地块.本子项为A地块A1号楼,本子项名称:A1号楼,设计号为:2014052-08;

工程等级	二级	建筑使用性质	商业建筑	设计使用年限	50年
建筑面积	1722.72m²	建筑总高度	14.55m	地下层数	2层
建筑总层数	5层	地上层数	3层	场地类别	与土接触的地面以下结构的环境类别为二q类(包括迎土面和背土面),其它为一类
结构类型	框架	基础型式	柱下独立基础		
抗震设防烈度	7度2组	结构抗震等级	三级		
建筑抗震类别	标准设防类	耐火等级	二级	防雷级别	三类
二次供水	无	结建人防	无	喷淋及联动系统	有

4. 设计范围:

4.1 建筑、结构、给排水、电气(含强弱电)及各专业总图;

4.2 室外景观工程(花池,围墙等);

4.3 室内二次装修、幕墙工程、建筑外立面装饰金属构件仅为示意,由甲方委托专业公司设计安装;

5. 建筑物定位、设计标高及尺寸标注:

5.1 水平定位系统:甲方提供的用地界址点定位坐标系统;

5.2 高程定位系统:甲方提供的地形图所示高程系统;

5.3 本工程标高以m为单位,总平面尺寸以m为单位,其它尺寸以mm为单位;

5.4 建筑物在总平面中的定位坐标为轴线交点坐标,施工前应进行全面放线,以确保建筑与建筑之间、建筑与道路之间及建筑物与红线的间距准确,如现场发现图中所示坐标与实际情况有出入时,应及时通知设计人员进行处理;

5.5 本子项的±0.000=483.150;

5.6 除经特殊注明外,各层标注标高为建筑完成面标高,结构标高低于建筑完成面标高0.050,平屋面标高为结构板面标高;所有门窗洞口高度均从建筑完成面算起;

6. 墙体工程:

6.1 墙体的基础部分见结施;应作好隐蔽工程的记录与验收。筑完成面算起;

6.2 钢筋混凝土承重构件详结施;

6.3 主要填充墙类别、厚度及使用部位:

分类	使用部位	填充墙材料	墙体厚度(mm)	备注
墙	女儿墙	页岩多孔砖	200	1、不同墙体的具体使用部位详平面图;平面图所注墙体厚度与本表所列有不同者,以平面图为准。 2、平面图未注明者,墙厚200。 3、除轻质隔断和特别注明者外,所有墙体均应结构梁(板)底。 4、当同一墙体具有两种或以上属性时,须按高度,选用顺序:混凝土→耐火砖→实心砖→多孔砖→空心砖。
	楼梯间内防火分隔墙	页岩多孔砖	200	
	防火墙	页岩多孔砖	200	
	公共区域内隔墙	页岩空心砖	200	
	(防水要求)用房隔墙	页岩空心砖	200	
	外墙	页岩多孔砖	200	

6.4 外墙为200mm厚MU10页岩多孔砖,卫生间和厨房隔墙为200mm及100mm厚MU10页岩多孔砖,M5混合砂浆砌筑;其余内墙均为200mm及100mm厚MU10页岩空心砖,M5混合砂浆砌筑;其余砌筑砂浆:地坪以下用M5水泥砂浆,地坪以上用M5混合砂浆;墙体构造和技术要求详见结施图;

6.5 钢筋混凝土和砌体等不同材料的交接处内外均加铺每边不少于150mm宽的130g/m 耐碱玻璃纤维布或ø0.90的12.7X12.7网孔大小的热镀锌电焊网作抗裂增强处理;

6.6 所有墙体用料要求准确统一,表面无掉角破损,砖块或砌块墙体上下匹之间应互相错缝搭接,不得有垂直通缝,转角处咬砌伸入墙体内长度>1/2砌块,砌筑砂浆应饱满;

6.7 所有填充墙上的门窗过梁、构造柱及拉结圈架等的布置原则、构造方式和施工要求均详请结施总说明及结施图;

6.8 墙体构造柱须按结施图说及现行国家标准进行施工。所有墙体拉结、超高墙体增强构造措施等详结施图说及现行国家标准。

6.9 墙体留洞及封堵;

6.9.1 墙体预留洞见各相关专业图纸;

6.9.2 预留洞的封堵:穿过外墙的管道采用套管,套管内高外低,坡度不小于5%,套管周边作防水密封处理;配电箱消火栓等将嵌入墙体时,在箱背刷防火涂料,再砌60mm厚砖墙体,另加9x25孔钢丝网水泥砂浆抹灰,固定射钉M6@400;有防火要求的墙不得留通洞;

6.9.3 砖砌门窗墙架平面图中未特殊注明处全为100mm宽;当其侧边为钢筋混凝土墙或柱时(结构未配筋),墙宽≤300mm宽时,用同标号的混凝土同墙或柱同时浇筑;

6.9.4 所有内隔墙应砌筑至梁板底部,不得留有缝隙,管道穿过时,应采用不燃烧的材料将其周围的缝隙填塞;

6.9.5 门窗框与墙体间的缝隙用聚合物水泥砂浆或发泡聚氨酯填充;门窗上楣的外口做滴水线;外窗台外排水坡度不小于5%;

6.10 雨蓬上部与墙交接处做成小圆角并向外找坡1%以利排水,雨蓬外口下沿做滴水,雨蓬与外墙交接处的防水层应连续,沿外口下翻作滴水线;

7. 屋面工程:

7.1 屋面防水等级为Ⅱ级,防水做法详见建筑工程做法表;

7.2 屋面工程施工应遵循《屋面工程质量验收规范》GB50207-2012;

7.3 女儿墙顶做坡向内5%的坡度,避免外墙污染;

7.4 屋面排水组织及雨水管下水口位置详见建施水施图,阳台、外廊及雨蓬等排水口位置详见各层平面图和相关详图。落地后直接接入室外雨水排水系统,详水施;

7.5 屋面施工时应严格按照相关规范所确定的施工程序和气候条件,并结合产品说明书,由获得资格证书的专业施工人员进行施工,对于管道出屋面处等易开裂、渗水的薄弱部位处,应留出凹槽填塞防水密封材料,并应增设一层附加防水层;

7.6 屋面防水层做好后,应注意保护,并要求做正式防水试验合格后方可进行下一道工序的施工;

7.7 屋面做法及屋面节点索引,露台、雨蓬等见各层平面图及有关详图;

8. 楼地面工程：

8.1 除特别对注明外，建施图中所注标高为楼地面完成面标高。

8.2 楼板降板；H为所在楼层基准标高（即建筑完成面标高）；各层楼板标高详结施；卫生间降板H-0.300；阳台及连廊降板H-0.050，具体见建筑；

8.3 卫生间等有用水点和地漏的房间，做JS-II型防水涂料2mm厚，其四周根部除门洞位置外，皆用C20细石砼（加5%防水剂）现浇200高（以相临房间楼、地面的标高，较高的一侧的建筑面层标高算起）翻起防水，宽度同墙宽；门洞位置处防水层应向水平延展，向外延长的长度不小于500mm宽，以及向门洞两侧起延展的宽度不小于300mm宽；公共卫生间的防水层上翻侧墙距楼、地面面层高度1.8m；管道、地漏周边300mm范围内及所有阴阳角处耐碱玻纤网格布一层；

8.4 卫生间PU管道穿楼板详西南11J517-E/36；

8.5 阳台、连廊、空调机位找坡1%，坡向地漏（地漏位置详具施）；卫生间找坡1%，坡向地漏；

9. 门窗工程：

9.1 门窗选料、颜色、玻璃见"门窗表"附注，各级防火门为特殊门，由专业厂家安装制做；

9.2 木门均为夹板木门，作法参照西南11J611；

9.3 门窗的玻璃厚度和安全性能应满足《建筑玻璃应用技术规程》（JGJ113-2009）和《建筑安全玻璃管理规定》发改运行[2003]2116号及地方主管部门的有关规定；

9.4 防火门的质量及防火性能应经国家防火质量检测中心检验合格，并达到设计所要求的耐火极限。甲级火板限为1.2小时，乙级0.9小时，丙级0.6小时。

9.5 防火门的安装必须保证正面和侧面的垂直度，使安装后的防火门开启灵活，门框应连接牢固，门框与周边墙体的缝隙用矿棉塞缝密实，1:2.5水泥砂浆抹平。砖砌门洞之防火门上部须加设钢筋混凝土过梁（过梁大小详结施图说）。防火门上不容许有空调；防火门上部设过梁，过梁上用砖砌筑填实，粉刷面同墙面；如有管线在其上部穿过，则管线四周应用水泥砂浆密实堵封；

9.6 防火门须安装闭门器，双扇防火门增设顺序器，常开防火门还增设装释放器。双扇开防火门须安装信号控制关闭和反馈装置；二装中设门禁系统的门亦须安装闭门器并能在从内侧方便地开启。

9.7 所有外门窗及挑沿上口抹灰均做滴水线，窗台外侧做坡5%找坡坡向外墙；

9.8 门窗立槛：内门窗立槛除图中另有注明者外，双向平开门立槛墙中；单向平开门立槛开启方向墙面平；

9.9 单块玻璃面积大于1.5m的玻璃均应用安全玻璃；门玻璃面积小于0.5m的皆采用安全玻璃；

9.10 施工图中所绘制的门窗图均为外视图，仅作门窗制作分格参考，门洞口尺寸经校合格后，方可加工制作。需预留预埋件时，承包厂商应配合土建施工提供预埋件及其具体位置；

9.11. 外窗的气密性不应低于《建筑外窗气密性能分级及其检测方法》GB 7107规定的4级。

9.12 门窗做法构造及与门窗相关的防水、防火、防雷措施等均由专业制作厂商设计、施工，其设计应满足国家有关规定和标准，并应有出厂合格证书。门窗应工厂制作，厂商应配合土建做好埋件预留。对于特种门窗，厂商应作出设计施工样图经建设和建筑设计单位认可后方能实施；

9.13 管道井、空调机位及设备用房门作200高砖砌门槛。

9.14 所有门窗与墙体或柱之间的缝隙用发泡剂或沥青麻丝填实嵌缝，禁止用水泥砂浆填实；

10. 幕墙工程：

10.1 幕墙由专业公司设计，开窗面积及形式须满足国家相关规定要求。玻璃幕墙设计、制作和安装应执行《玻璃幕墙工程技术规范》JGJ102-2003。

10.2 透明幕墙的气密性不应低于《建筑幕墙物理性能分级》GB/T 15225规定的3级。

11. 外装修工程：

11.1 外装修设计和材料索引见立面图，承包商进行二次设计的轻钢结构、装饰物等，经确认后，向建筑设计单位提供预埋件的设置要求；

11.2 外装修选用的各项材料其材质、规格、颜色等，均由施工单位提供样板，经建设和设计单位确认后进行封样，并据此验收。

12. 内装修工程：

12.1 内装修工程执行《建筑内部装修设计防火规范》GB50222-1995；楼地面部分执行《建筑地面设计规范》GB50037-1996；

12.2 内部装饰详图工程做法表；

12.3 凡设有地漏或地沟的房间应做防水层，图中未注明整个房间找坡者，均在地漏周围1m范围内做1～2%坡度坡向地漏；有水房间的楼地面应低于相邻房间≥20mm或做挡水门槛；

12.4. 内装修选用的各项材料，均由施工单位制作样板和选样，经确认后进行封样，并据此进行验收；金属栏杆及扶手尽端与墙体连接处做法参照西南11J412；

13. 木作及油漆工程：

13.1 室内装修所采用的木作，油漆涂料见《工程做法》；

13.2 铝合金门窗为聚灰色；内木门窗、木扶手油漆选用褐色油性调和漆，做法为西南11J312(5102)；（合门套构造）

13.3 楼梯、平台、钢栏杆选用褐色醇酸磁漆，做法为西南11J312(5114)；（钢构件除锈后先刷硼钡酚醛防锈漆）

13.4 室内外各项露明金属构件热镀锌，外刷油漆（室内二装）。

13.5 各项油漆均由施工单位制作样板，经确认后进行封样，并据此进行验收。

13.6 预埋木砖、木块等靠墙或混凝土的木件应刷沥青一度进行防腐处理。有防火要求的还应经阻火处理后具有不燃性的木材制作。

13.7 室内装修木作、金属门等装饰油漆选色均详室内二装设计。

14. 室外工程：

室外绕房一周作散水暗沟，做法见详图，室外踏步、坡道做法见详图，施工时与附近道路、踏步、场地相协调。

15. 建筑设备、设施工程：

15.1 灯具、送回风口等影响美观的器具须经建设单位与设计单位确认样品后，方可批量加工、安装；

15.2 卫生洁具、成品隔断由建设单位与设计单位商定，并应与施工配合；

16. 回填土：

16.1 回填土应分层夯实（采用机械夯压时，每层填土不大于300mm，采取人工夯压时，每层填土不大于200mm，夯实后密实度≥95%，边角处须补夯密实）。回填土应符合相关质量验收规范要求，回填前应去除含腐蚀性有机物质，严禁回填不合要求的土壤。

16.2 回填土质要求：上部填透水性小的材料，下部填透水性大的材料。

18. 消防说明：

18.1 本工程为3层商业建筑，建筑高度小于24米，根据《建筑设计防火规范》GB50016-2006进行消防设计；

18.2 防火分区划分：本子项各层（除配电间及电井外）均设有自动喷洒灭火系统，根据《建筑设计防火规范》GB50016-2006第5.1.7条，其防火分区的最大允许建筑面积可增加一倍。本子项总面积为1722.72m²，没有超出一个防火分区的最大允许建筑面积2500X2=5000m²，故本子项为一个防火分区，耐火等级为二级。

18.3 疏散楼梯：根据《建筑设计防火规范》GB50016-2006 5.3.5条本子项楼梯间均为封闭楼梯间，每部楼梯间的疏散宽度为1.4m，楼梯间门采用乙级防火门。

18.4 疏散距离：营业厅最远点至疏散出口的距离≤30米，首层楼梯间门至建筑出口的距离≤15米；相邻两个安全出口之间的距离>5米。

18.5 疏散宽度：根据《建筑设计防火规范》GB50016-2006 5.3.17条，各层的疏散人数=营业厅面积X面积折算系数X疏散人数换算系数，疏散宽度按100人不小于0.75m计算。1F建筑面积为：633.48m²，2F建筑面积为：677.49m²，3F建筑面积为：411.75m²。计算得出：

3F所需疏散宽度为：411.75X0.5X0.77X0.75/100=1.18m，设计疏散宽度为2.8m，满足规范要求；

2F所需疏散宽度为：677.49X0.5X0.85X0.65/100=1.88m，设计疏散宽度为2.8m，满足规范要求；

1F所需疏散宽度为：633.48X0.5X0.85X0.65/100=1.75m，一层楼门的开门宽度为8.3m，整体楼梯所需疏散总宽度1.18+1.88+1.75=4.81m，设计疏散宽度大于所需疏散宽度，满足规范要求。

综上所述，本工程的消防设计完全满足规范要求。

18.6 所有外装饰材料均为A级不燃材料。

19. 无障碍设计：

19.2 根据《无障碍设计规范》GB 50763-2012，本工程对建筑入口、公共走道及卫生间等部位进行无障碍设计；

19.2 本工程建筑主入口为无障碍入口，设置坡度不大于1:20的无障碍缓坡；景观及二次装修设计时，入口平台及坡道直至室外道路须采用防滑性能好的地面面层，且不得设置影响轮椅通行障碍物。

19.3 各层公共区域、公共廊道、合用前室、前室等均属于无障碍走道范围。此范围内，地面面层须具有良好防滑性能，地面装修有高差时不得>15mm且须以斜面过渡。

19.5 其他建筑细部须按照《无障碍设计规范》GB 50763-2012.设计、安装.

20. 其它施工中注意事项：

20.1 施工中应严格执行国家各项施工质量验收规范.

20.2 楼梯栏杆(板)、扶手做法及其高度均详二次装修设计，栏杆顶部能承受的水平荷载满足1.0KN/m。楼梯栏杆水平段≥500时栏杆净高不得少于1050，其下部须做100X100细石混凝土实体；

20.3 设计图中所选用标准图中有对结构工种的预埋件、预留洞，如楼梯、平台钢栏杆、门窗、建筑配件等，图中所标注的各种留洞与预埋件应与各工种密切配合后，确认无误方可施工；

20.4 门窗过梁见结施图；

20.5 两种材料的墙体交接处，应根据饰面材质在做饰面前加钉金属网或在施工中加贴玻璃丝网格布，防止裂缝，玻璃丝网格布单边宽≥250，总宽≥500；

20.6 预埋木砖及贴邻墙体的木质面均做防腐处理，露明铁件均做防锈处理；

20.7 楼板留洞的封堵：待设备管线安装完毕后，用C20细石混凝土封堵密实；

20.8 土建施工与设备安装应密切配合，避免出现事后打洞、剔槽等现象.

20.9 本工程施工砂浆一律采用砂浆.

20.10 本工程屋面检修梯由业主使用时自己配备移动式钢梯.

XXX 市建筑设计研究院	审定		校对		工程名称		图纸	施工图设计说明	图别	建施	阶段	
	审核		设计负责人				名称		图号	04	日期	
	项目负责人		设计人		项目名称				比例	1:100		

工程做法表

类别	编号	名称	做法	燃烧性能等级	适用部位	备注
屋面	屋1	（Ⅱ级防水）	1) 面层贴地砖（用户自理） 2) 40厚C20细石混凝土(加5%防水剂)，内配冷拔Φ4钢筋@100双向钢筋网片分Φ6mx6m(钢筋断开)，缝宽20，填内掺防水油膏，混凝土表面提浆压光 3) 10厚低标号砂浆隔离层 4) 干铺200g/m²无纺聚酯纤维布一层 5) 保温层 厚废材料等详节能报告 6) 冷底子油两道二遍4厚SBS改性沥青防水卷材 7) 20厚1:2.5水泥砂浆找平层 8) 1:6沥青膨胀蛭石找坡，最薄处30厚 9) 20厚1:3水泥砂浆保护层 10) 现浇钢筋混凝土板			离带（A级）
	屋2	有保温屋面（Ⅱ级防水）	1) 钛锌板0.7mm 2) 10mm通风降噪丝网 3) 1.0mm镀锌找平钢带（横向锚筋，250mm宽，间距50mm） 4) 0.8mm厚镀锌压型钢板 5) 保温层 厚废材料等详节能报告 6) 镀锌钢丝网 7) 屋面结构板	A	坡屋面	
	屋3	非保温屋面（Ⅱ级防水）	1) 20厚1:2.5水泥砂浆保护层收光，分隔缝间距≤1.0m，分隔缝宽20，防水油膏嵌缝 2) JS-Ⅱ型防水层2mm厚 3) 1:2.5水泥砂浆找坡兼找平层，最薄处15 4) 钢筋混凝土结构板	A	空调板	防水涂料上翻250
地面	地1	地砖地面（有防水层）	防滑地砖地面（用户自理） 20厚1:2干硬性水泥砂浆结合层，上洒1-2厚干水泥并洒清水适量 JS-Ⅱ型防水层2mm厚 20厚1:2.5水泥砂浆找平层 钢筋混凝土结构板 素土夯实基土	A	一层卫生间	
	地2	水泥砂浆（有防水层）	20厚1:2水泥砂浆面层钢板赶光 JS-Ⅱ型防水层2mm厚(上翻至地装上) 钢筋混凝土结构板 素土夯实基土	A	商业用房、服务配电间、电井	

类别	编号	名称	做法	燃烧性能等级	适用部位	备注
楼面	楼1	水泥砂浆（无防水层）	20厚1:2水泥砂浆面层钢板赶光 水泥浆水灰比0.4~0.5结合层一道 结构层	A	商业用房、服务、楼梯间	
	楼2	水泥砂浆面层楼面（有防水层）	1:3水泥砂浆找平找坡向地漏，最薄处20厚，坡度1%，管道地漏周边300范围内反阴阳角部位附加改性沥青一布四涂防水层 JS-Ⅱ型防水层2mm厚（用于墙体与楼面交接处或用于洞口与楼面交接处） 水泥浆水灰比0.4~0.5结合层一道 钢筋砼结构楼面	A		防水涂料上翻倒墙连廊、阳台楼面250高，洞口向内延伸300宽
	楼3	地砖楼面（有防水层）	8~10厚防滑地砖面，水泥浆擦缝 20厚1:2干硬性水泥砂浆结合层，上洒1-2厚干水泥并洒清水适量 JS-Ⅱ型防水层2mm厚，阳台地漏周边300范围内反阴阳角部位附加JS-Ⅱ型防水层2mm厚 20厚1:2.5水泥砂浆找平层 1:6沥青膨胀蛭石垫层兼找坡，找向地漏，坡度1% 20厚1:3水泥砂浆保护层 JS-Ⅱ型防水层2mm厚，上翻高出楼面250 水泥浆水灰比0.4~0.5结合层一道 钢筋砼结构楼面随面扫压光	A	卫生间	卫生间防水涂料上翻倒墙1800高
外墙面	外1	装饰板墙面	基层处理 20厚1:3水泥砂浆找平 保温层 厚废材料等详节能报告(外保温) 4厚抗裂防渗砂浆 热镀锌电焊网 4厚抗裂防渗砂浆 埃特板龙骨系统 埃特板	A	外墙面	
	外2	玻璃幕墙	玻璃幕墙做法详幕墙公司设计图纸	A	外墙面	

顶棚	棚1 混合砂浆涂料顶棚	基层处理	B1	
		刷水泥浆一道(加建筑胶适量)		
		10厚1:1:4水泥石灰砂浆两次成活		
		4厚1:0.3:3水泥石灰砂浆找平层		
		满刮腻子磨平		
		喷(刷)无机内墙涂料(或用户自理)		
	棚2 铝扣板顶棚	钢筋砼内预留∮10吊环，双向吊点，中距≤1200(1500)	B1	卫生间
		10号镀锌低碳钢丝或∮8吊杆，双向中距≤1200(1500)，吊杆上移与板底		
		吊环固定		
		上层主龙骨，间距≤1200(1500)		
		下层副龙骨，间距≤600(750)		
		铝合金方板600X600		
	棚3 刮腻子涂料天棚	钢筋混凝土基层清理	B1	阳台、连廊、室外棚分
		刷水泥浆一道(加建筑胶适量)		
		10厚1:1:4水泥石灰砂浆两次成活		
		4厚1:0.3:3水泥石灰砂浆找平层		
		满刮耐水腻子，打磨平整		
		刷无机涂料		
踢脚	踢1 瓷化地砖踢脚	瓷化地砖面层，水泥浆擦缝(与墙面齐平)	A	踢脚板高120
		4厚纯水泥浆粘贴层(425号水泥中掺20%白乳胶)		
		25厚1:2.5水泥砂浆打底		
		墙面基层处理		
油	耐酸油漆(5108)		室内木作(本色)	
	防锈漆	均按高级油漆工艺要求进行	室内楼梯栏杆、护窗栏杆、预埋件等铁件防锈处理	
	防锈漆		室外楼梯栏杆、护窗栏杆、预埋件等铁件防锈处理	
	耐酸磁漆(5114)		室内楼梯栏杆、护窗栏杆等防锈处理厚的铁件	

预拌砂浆强度等级与现场拌制砂浆的对应关系

现场拌制砂浆	现场拌制砂浆	预拌砂浆
砌筑砂浆	M5水泥砂浆　　M5混合砂浆	M5
	M7.5水泥砂浆　　M7.5混合砂浆	M7.5
	M10水泥砂浆　　M10混合砂浆	M10
	M15水泥砂浆	M15
	M20水泥砂浆	M20
	M25水泥砂浆	M25
	M30水泥砂浆	M30
抹灰砂浆	1:1:6混合砂浆	M5.0
	1:4水泥砂浆	M10
	1:3水泥砂浆	M15
	1:2、1:2.5水泥砂浆;1:1:2混合砂浆	M20
地面砂浆	1:3水泥砂浆	M15
	1:2,1:2.5水泥砂浆	M20
	1:1.5水泥砂浆	M25

注：1.本子项作法参照西南地区建筑标准设计通用图集西南11J的作法；

2.本子项作法中的砂浆按《四川省建设厅关于发布四川省工程建设地方标准《预拌砂浆生产与应用技术规程》的通知》川建科发

【2008】28号'1 的要求，按照四川省工程建设地方标准《预拌砂浆生产与应用技术规程》DB51/T5060-2008进行排现

场生产，图中作法的砂浆与预拌砂浆的强度等级的对应关系按《预拌砂浆生产与应用技术规程》DB51/T5060-2008中的表4.1.4执行；

电 梯 选 型 表

名称	电梯型号	额定载重量Kg	额定速度m/s	停层	站数	提升高度m	数量(台)	备注
乘客电梯	待定	1000	1.0	4	4	17.65	1	无机房电梯

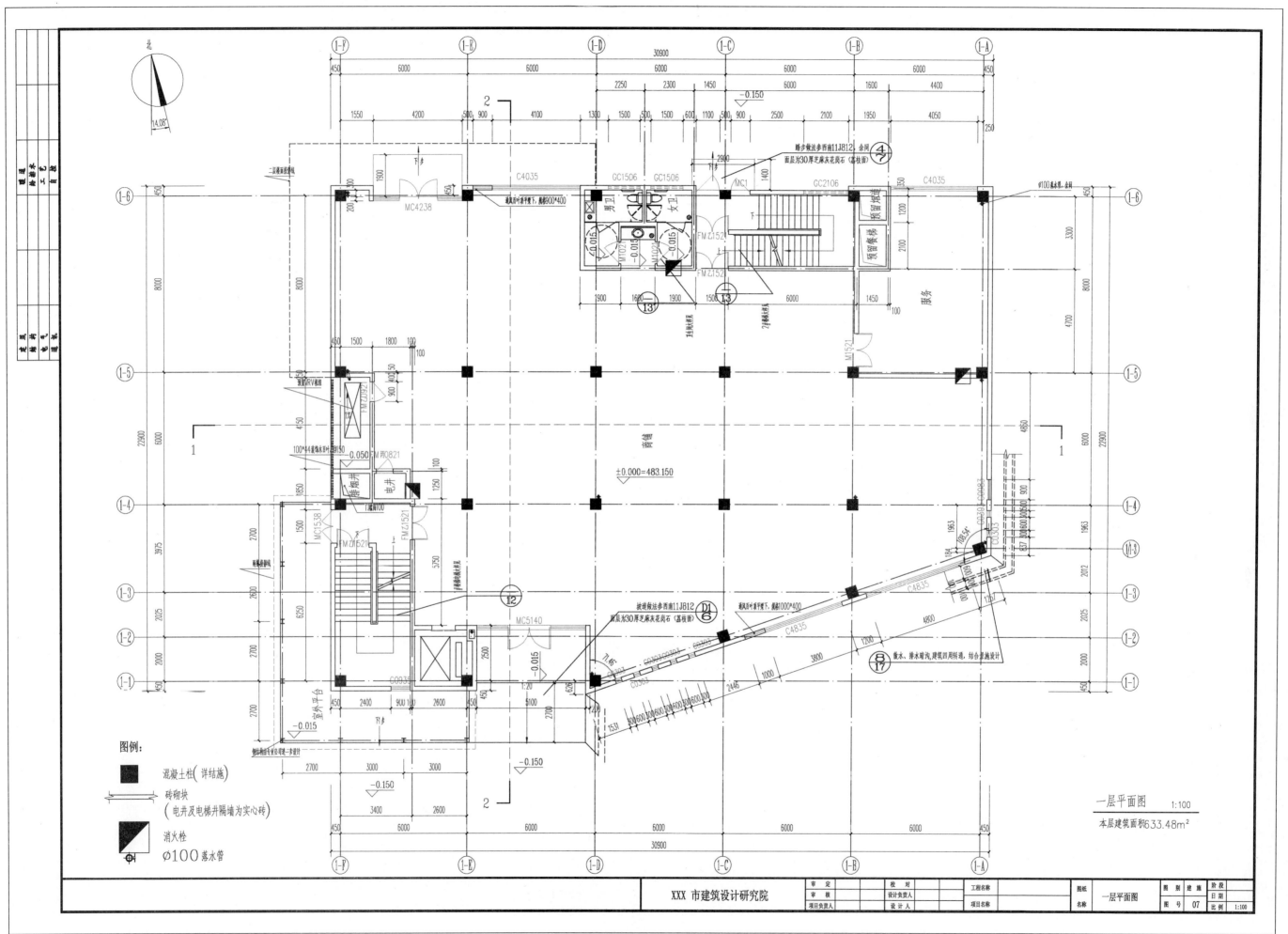

一层平面图 1:100

本层建筑面积633.48m²

图例:
- 混凝土柱(详结施)
- 砖砌块(电井及电梯井隔墙为实心砖)
- 消火栓
- Ø100落水管

XXX市建筑设计研究院

一层平面图

图号 07

比例 1:100

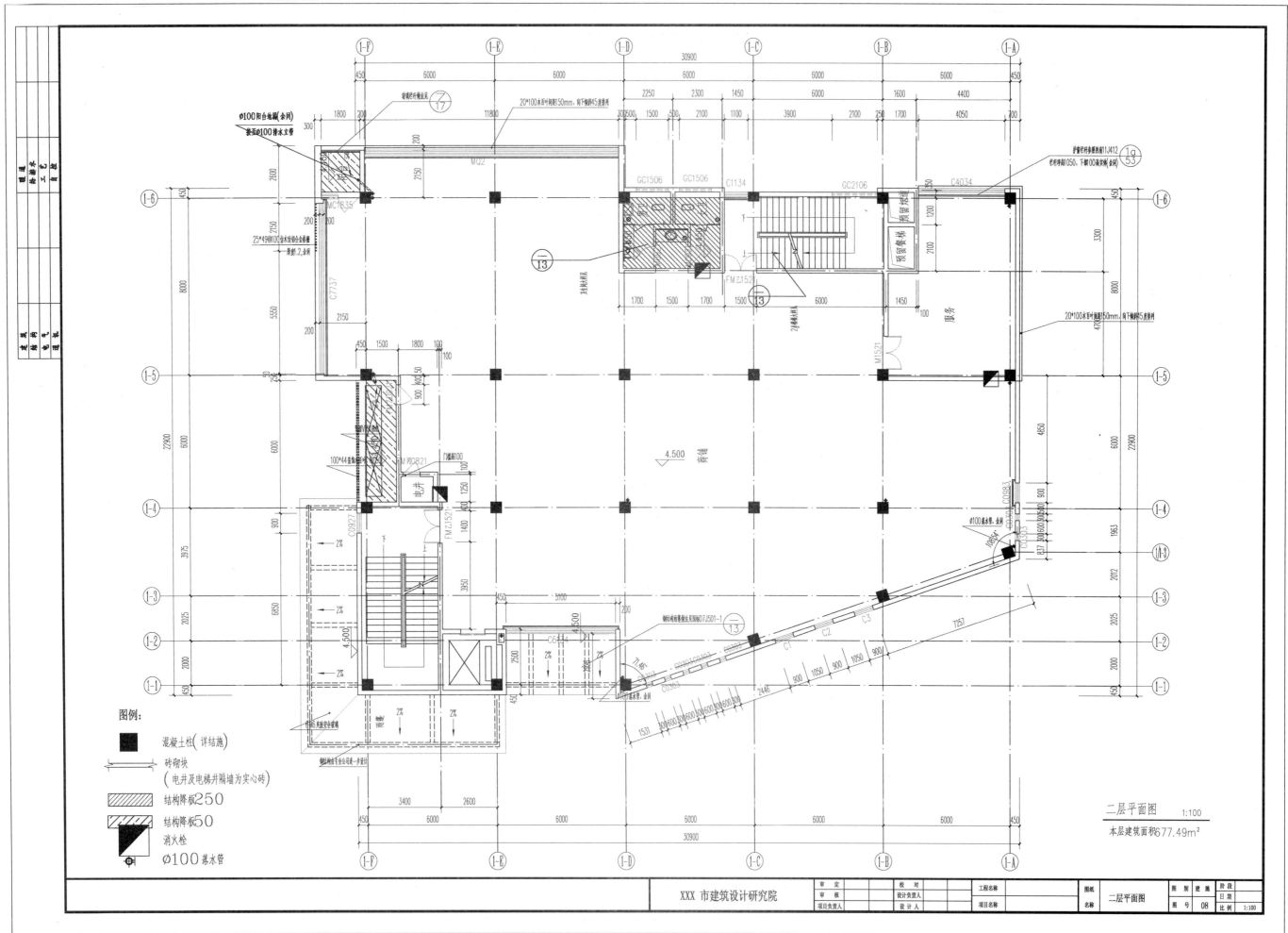

二层平面图 1:100

本层建筑面积677.49m²

图例:

■ 混凝土柱(详结施)

砖砌块
(电井及电梯井隔墙为实心砖)

结构降板250

结构降板50

消火栓

Φ100 落水管

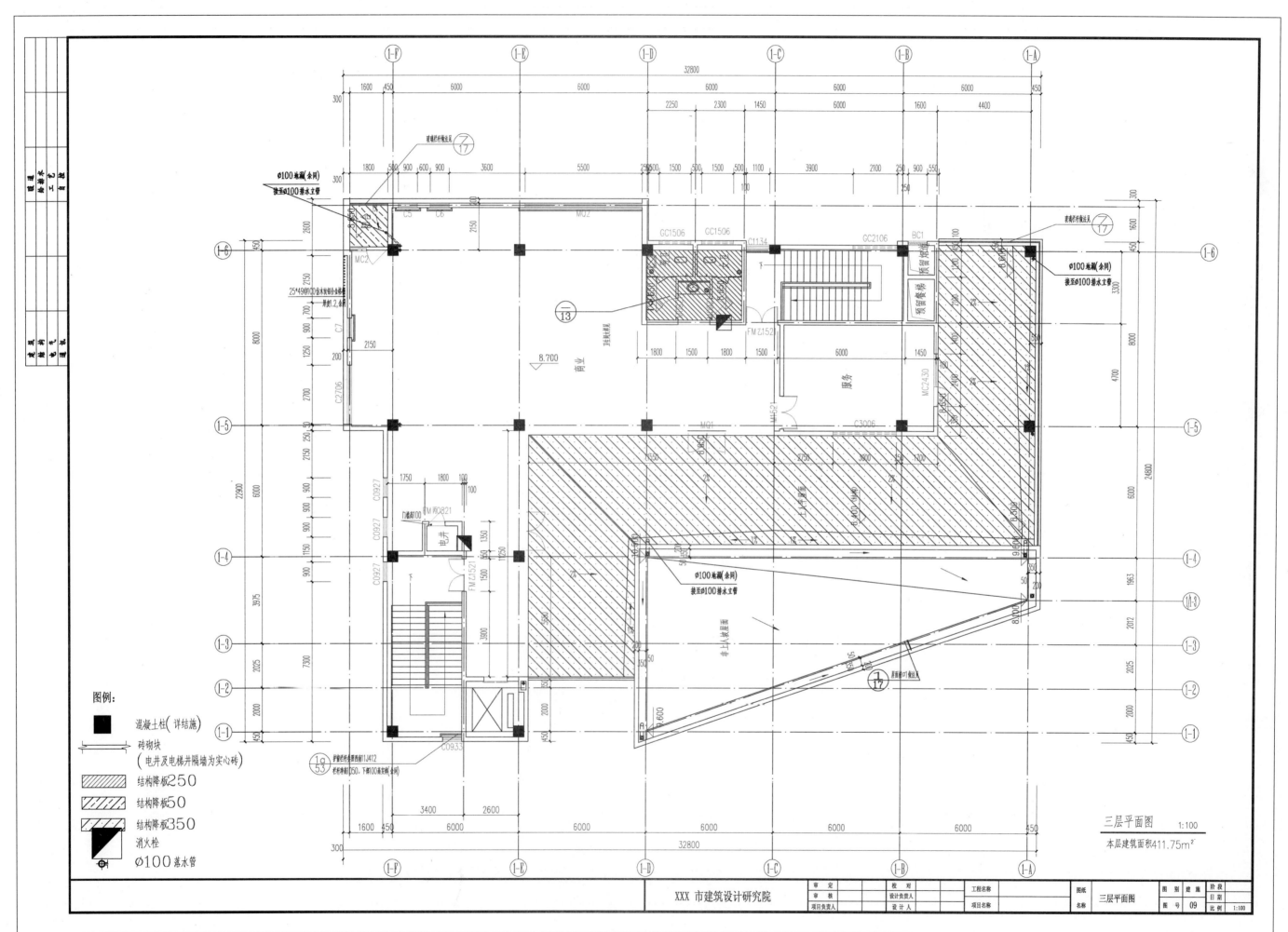

三层平面图　1:100

本层建筑面积411.75m²

图例:
混凝土柱(详结施)
砖砌块
(电井及电梯井隔墙为实心砖)
结构降板250
结构降板50
结构降板350
消火栓
∅100 落水管

XXX 市建筑设计研究院

三层平面图

图号 09

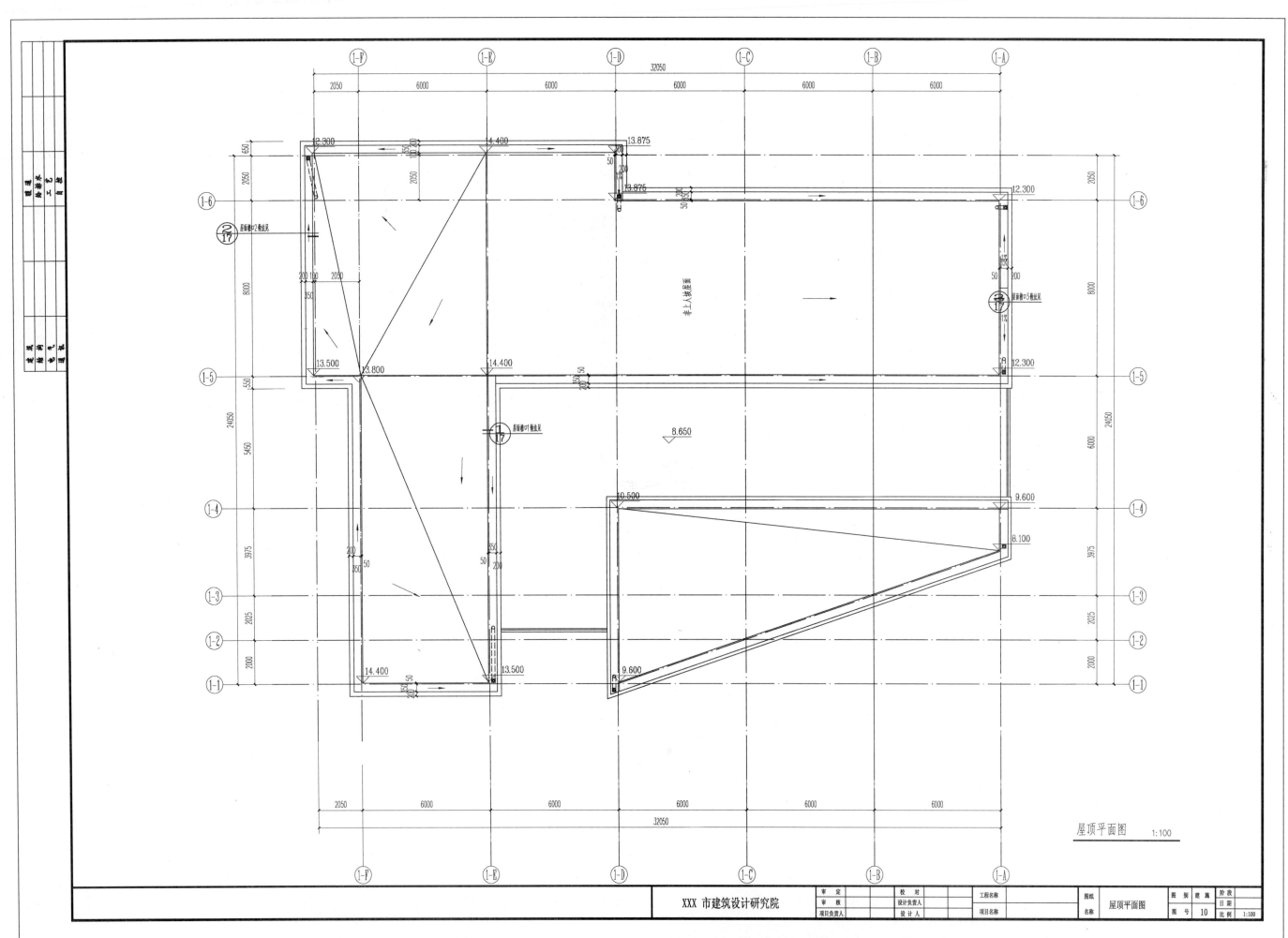

屋顶平面图　1:100

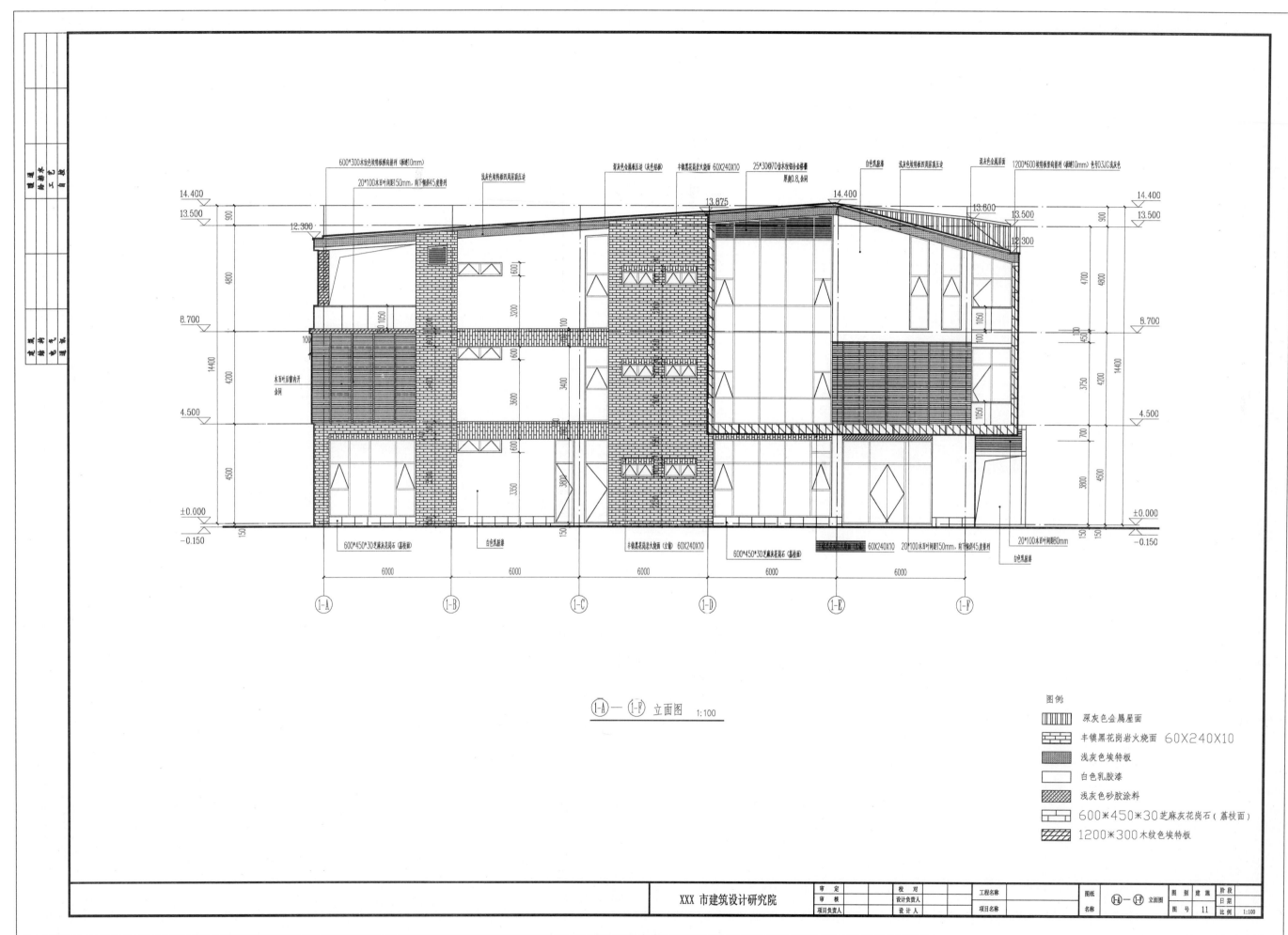

①-A — ①-F 立面图 1:100

图例

深灰色金属屋面

丰镇黑花岗岩火烧面 60X240X10

浅灰色埃特板

白色乳胶漆

浅灰色砂胶涂料

600*450*30芝麻灰花岗石（荔枝面）

1200*300木纹色埃特板

XXX市建筑设计研究院

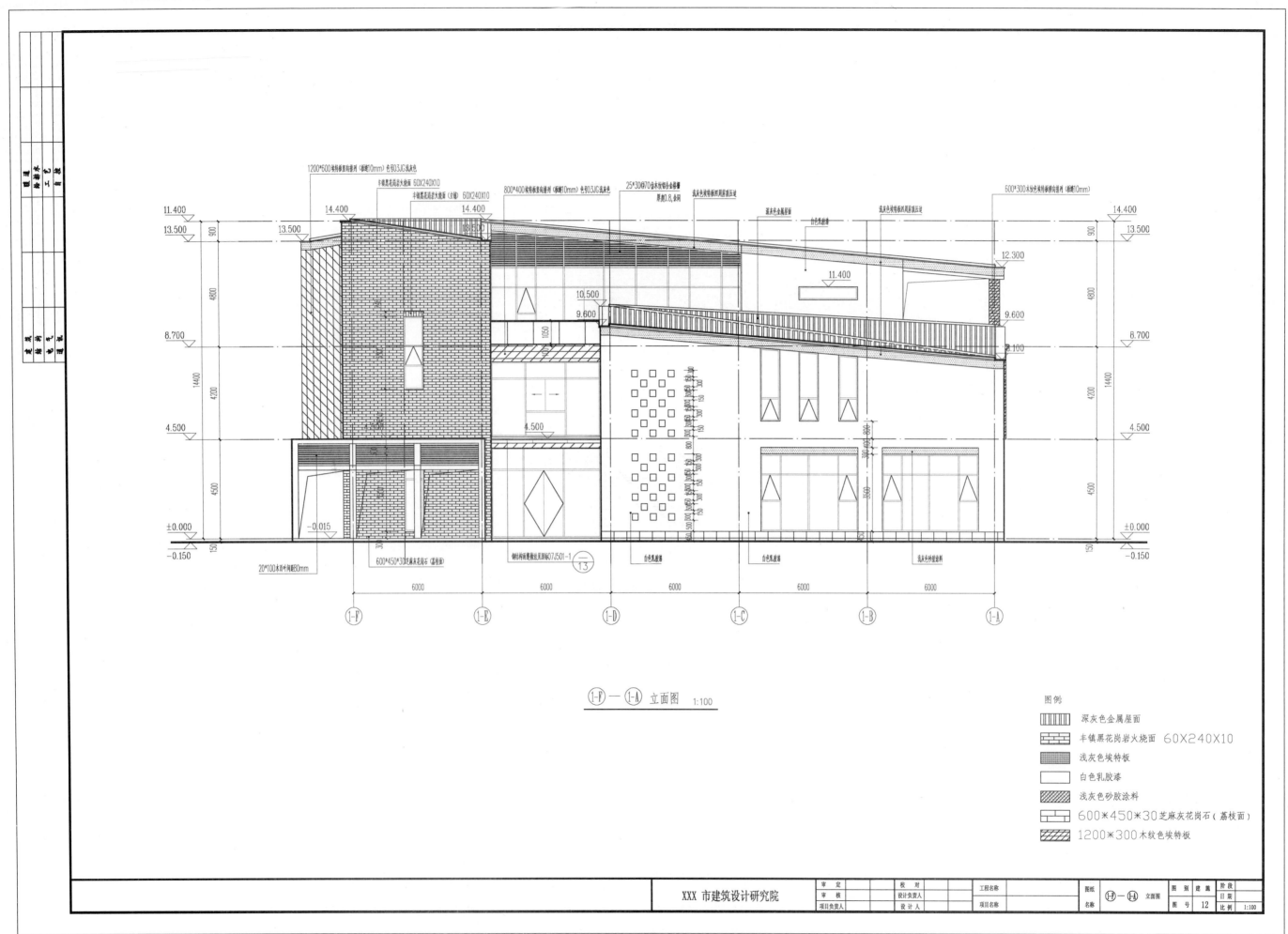

①-F — ①-A 立面图 1:100

图例

深灰色金属屋面

丰镇黑花岗岩火烧面 60X240X10

浅灰色埃特板

白色乳胶漆

浅灰色砂胶涂料

600*450*30芝麻灰花岗石（荔枝面）

1200*300木纹色埃特板

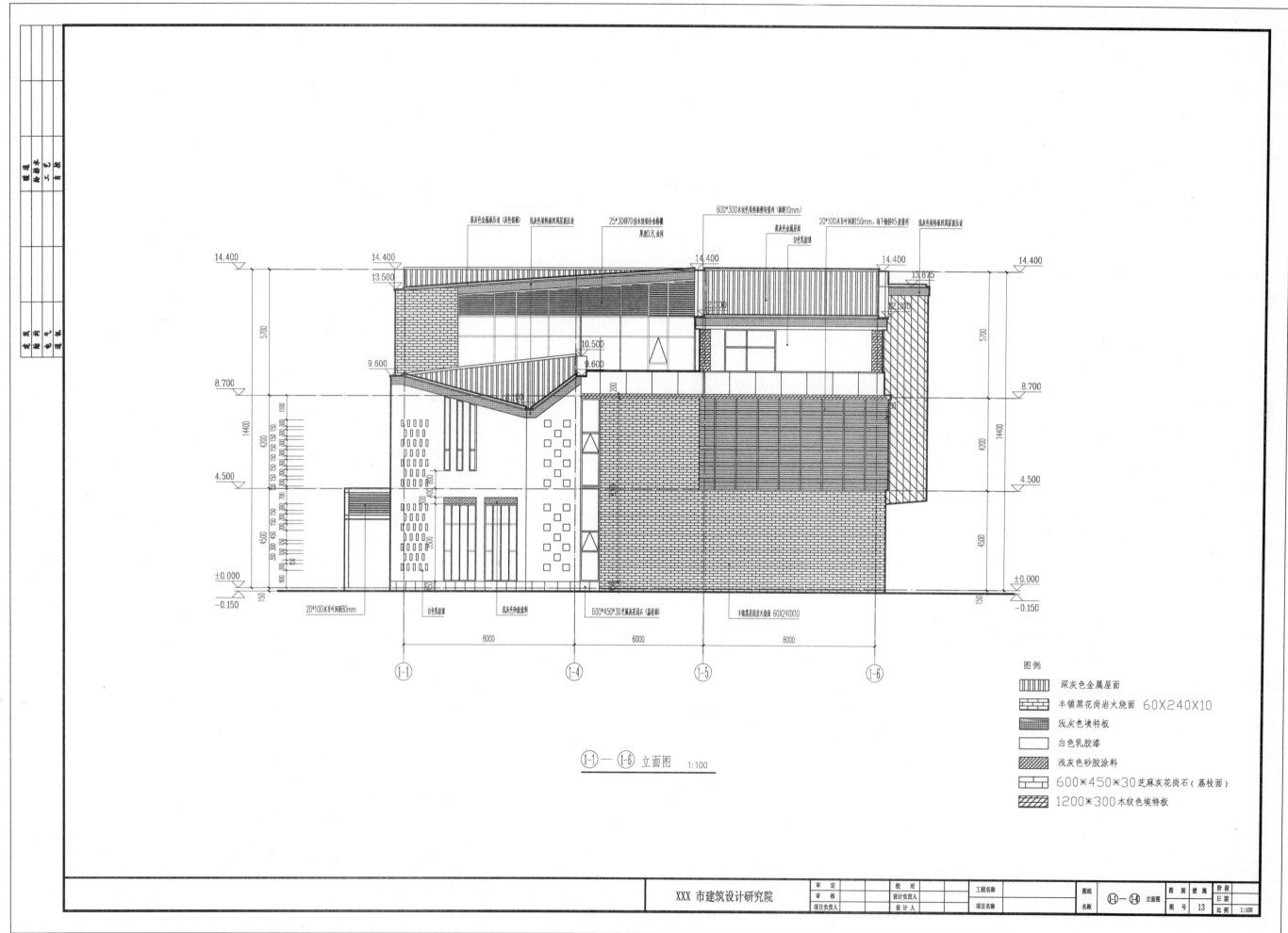

①-①— ①-⑥ 立面图 1:100

图例

▦ 深灰色金属屋面

▦ 丰镇黑花岗岩火烧面 60X240X10

▦ 浅灰色埃特板

▢ 白色乳胶漆

▨ 浅灰色砂胶涂料

▭ 600*450*30芝麻灰花岗石（荔枝面）

▨ 1200*300木纹色埃特板

13

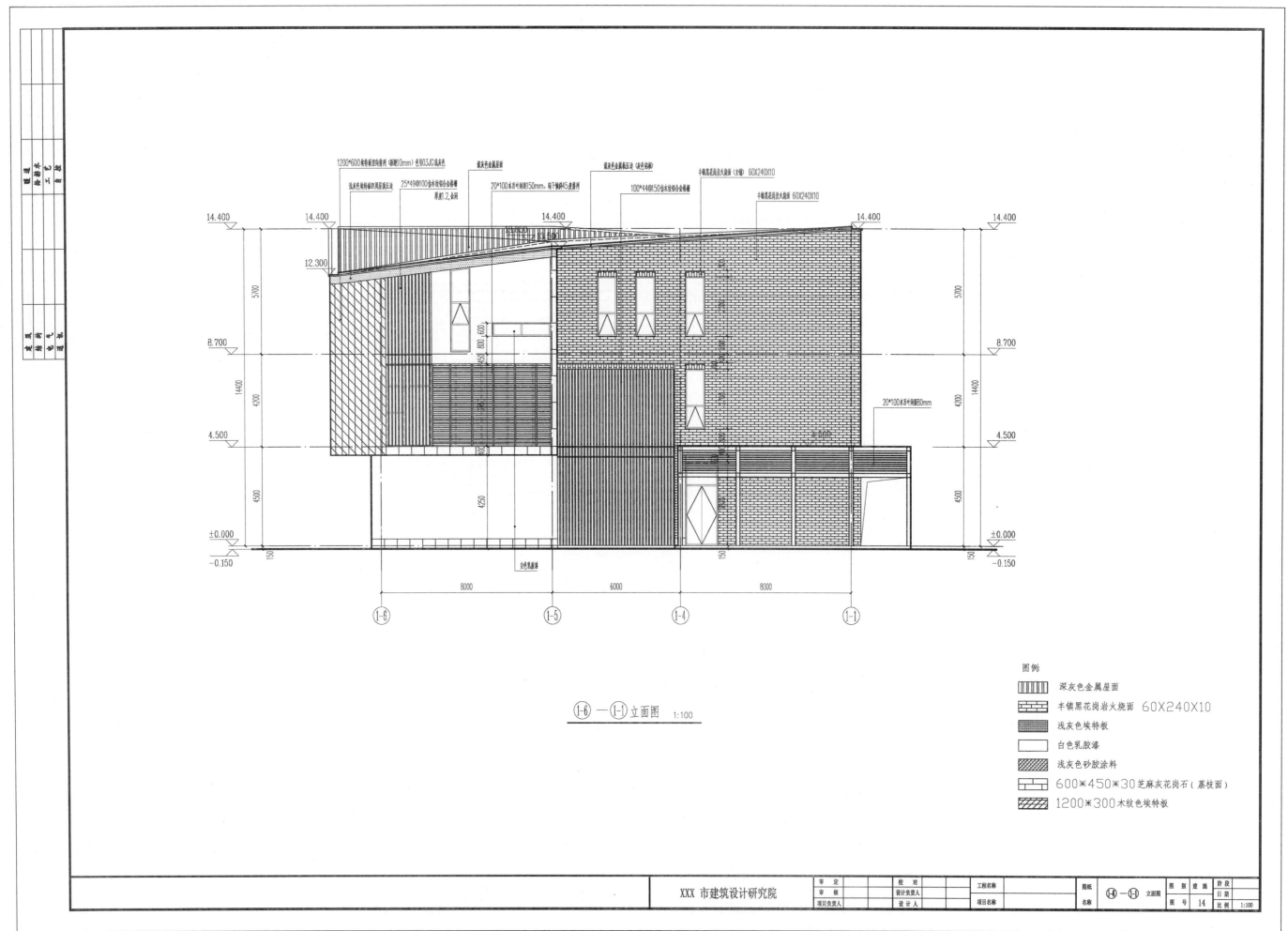

①-6 — ①-1立面图 1:100

图例

▯▯▯ 深灰色金属屋面

丰镇黑花岗岩火烧面 60X240X10

浅灰色埃特板

白色乳胶漆

浅灰色砂胶涂料

600*450*30芝麻灰花岗石（荔枝面）

1200*300木纹色埃特板

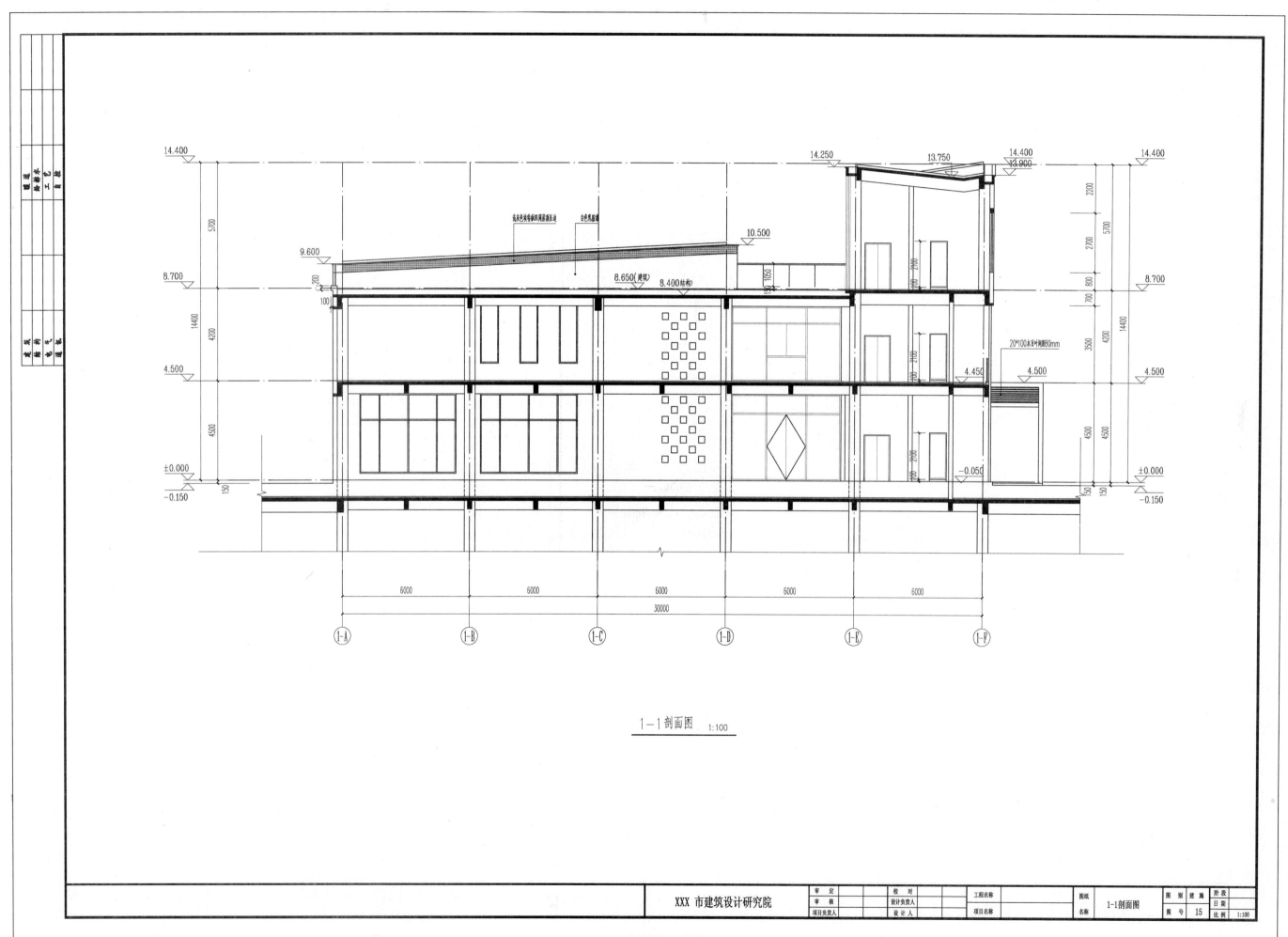

1-1剖面图 1:100

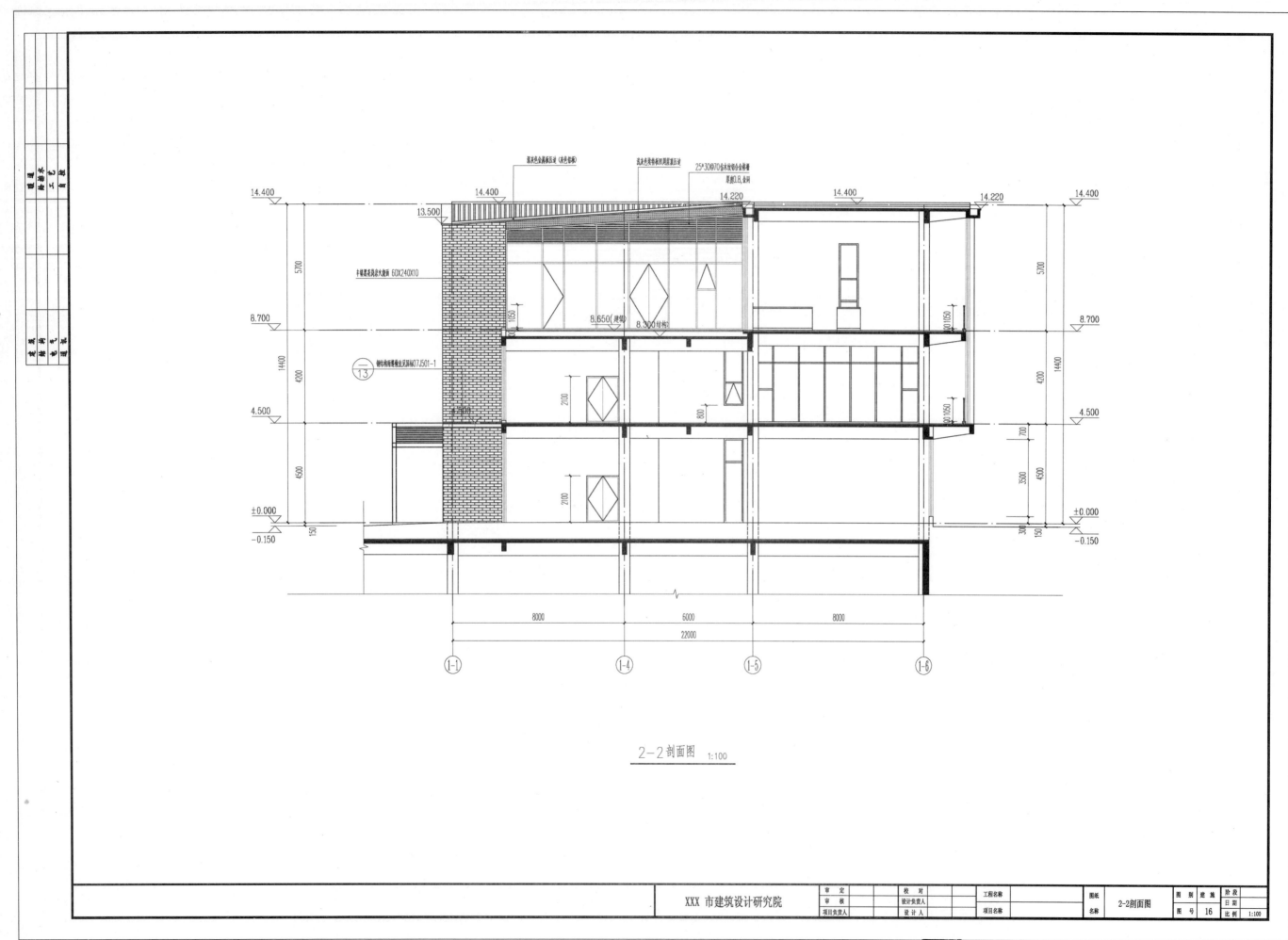

2-2剖面图 1:100

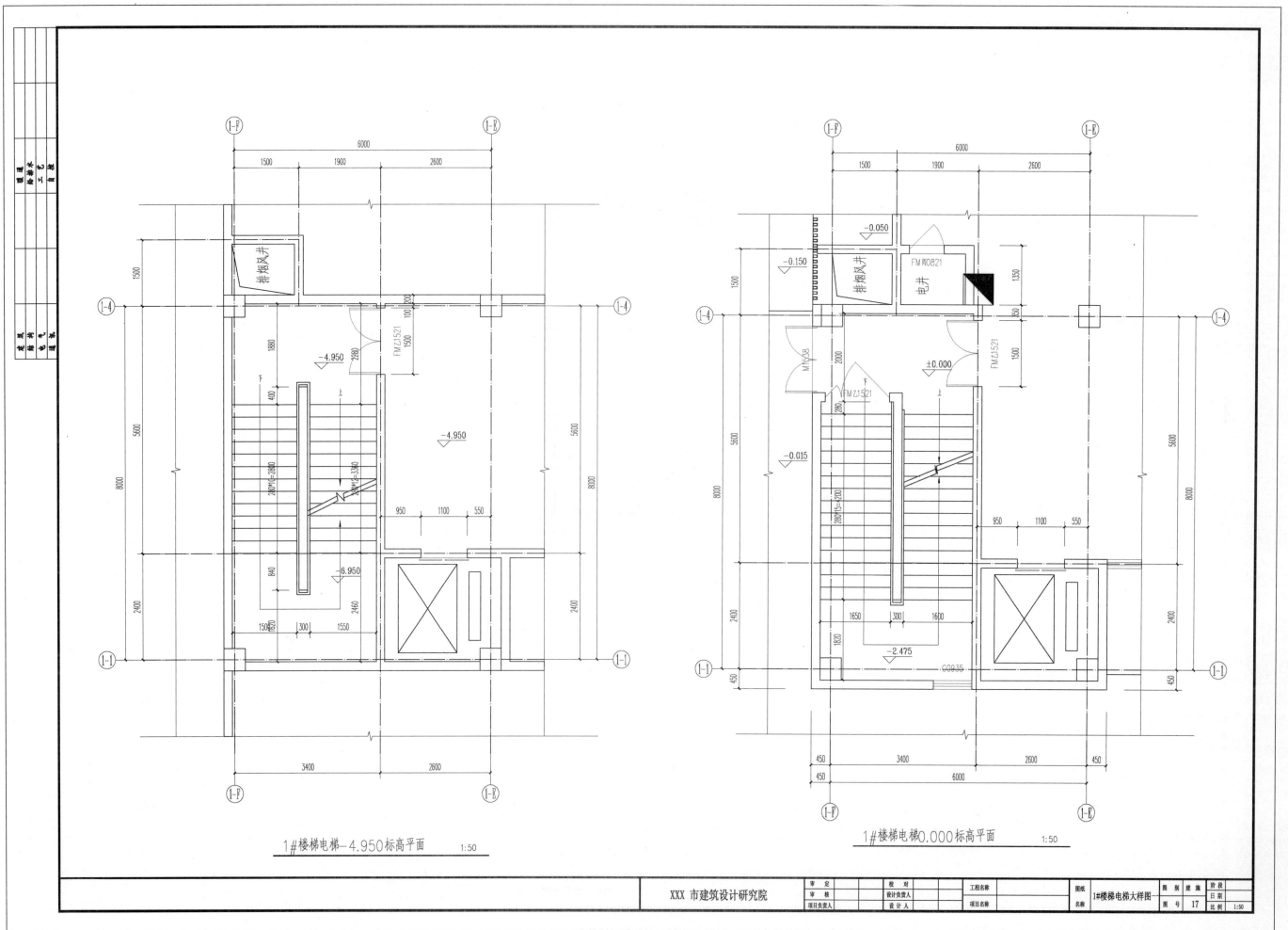

1#楼梯电梯-4.950标高平面　　1:50

1#楼梯电梯0.000标高平面　　1:50

审　定		校　对		工程名称		图纸名称	1#楼梯电梯大样图—	图 别	建 施	阶段	
审　核		设计负责人						日 期			
项目负责人		设　计　人		项目名称				图 号	17	比例	1:50

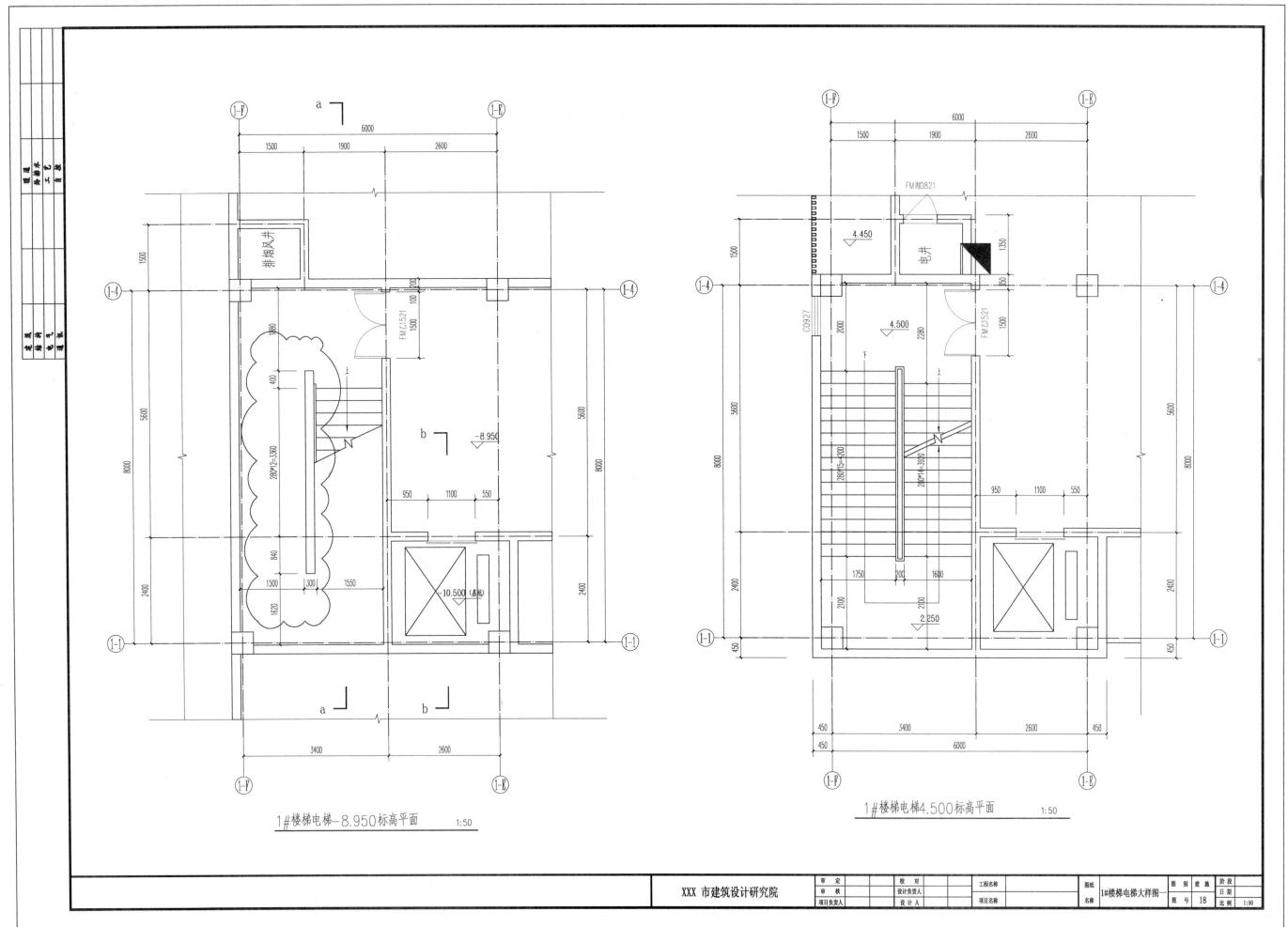

1#楼梯电梯−8.950标高平面　　1:50

1#楼梯电梯4.500标高平面　　1:50

XXX 市建筑设计研究院

审 定		校 对		工程名称		图纸	1#楼梯电梯大样图一	图 别	建 施	阶 段	
审 核		设计负责人				名称		日 期		
项目负责人		设 计 人		项目名称				图 号	18	比例	1:50

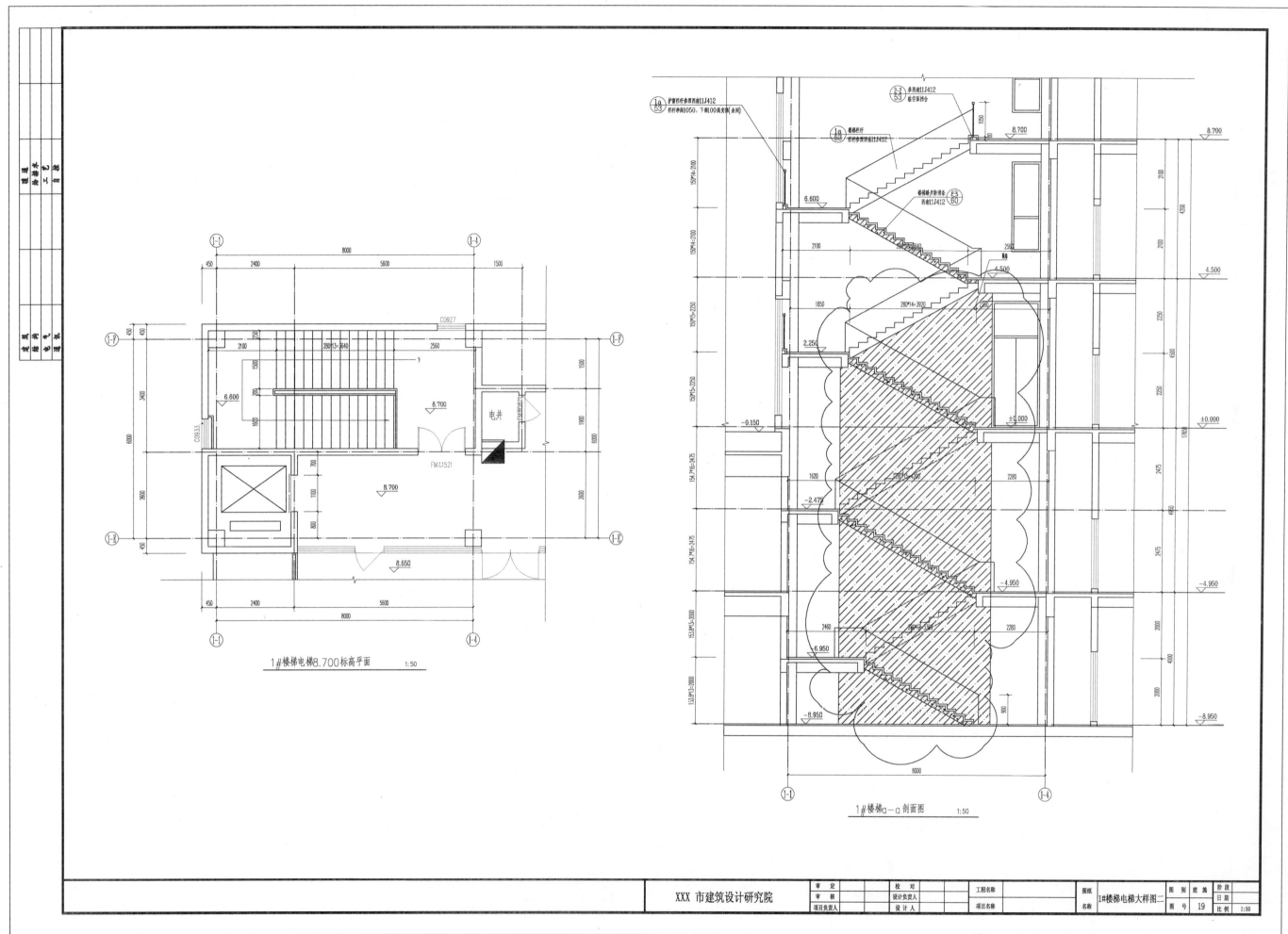

1#楼梯电梯8.700标高平面   1:50

1#楼梯a-a剖面图   1:50

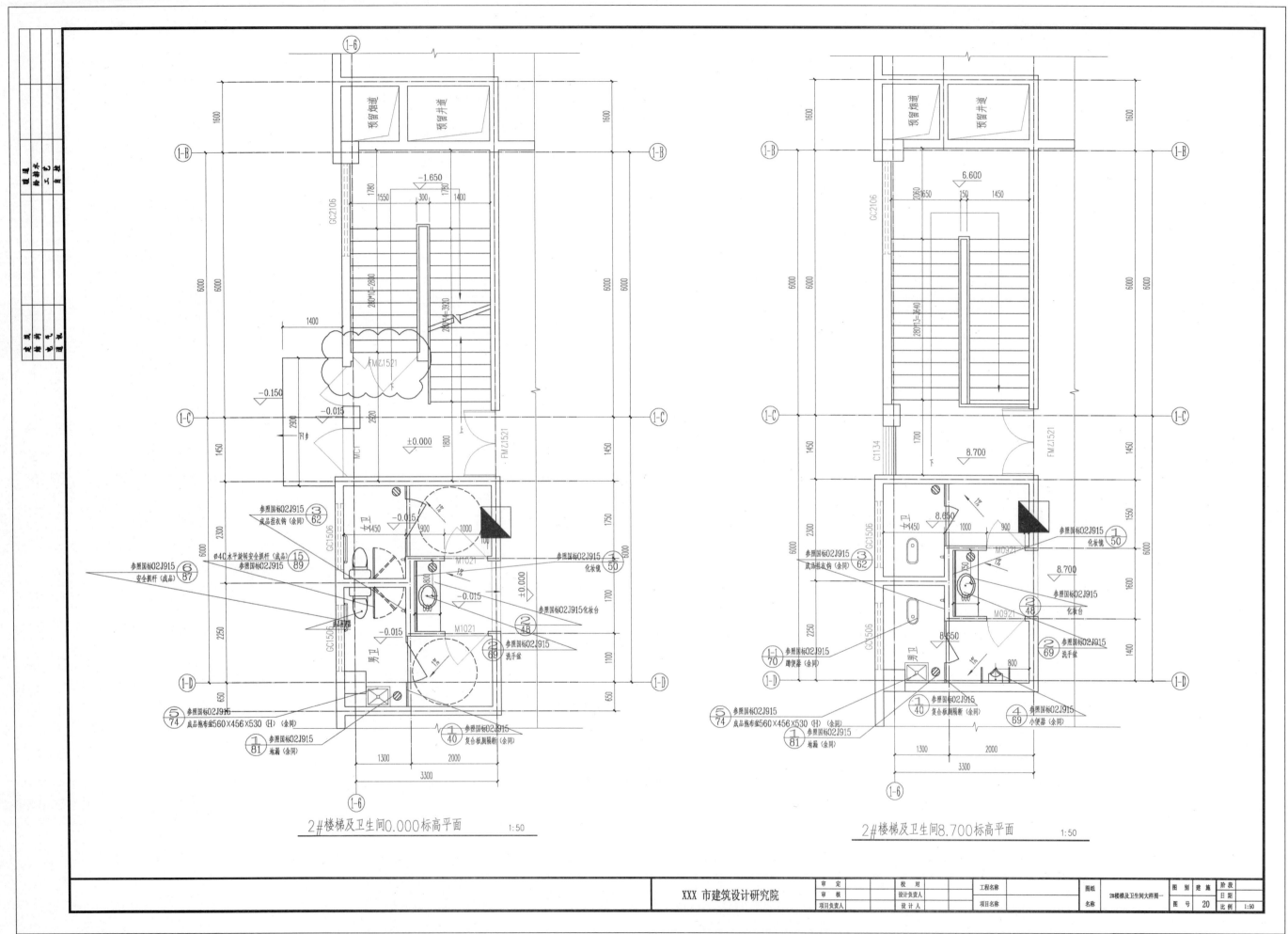

2#楼梯及卫生间0.000标高平面　　1:50

2#楼梯及卫生间8.700标高平面　　1:50

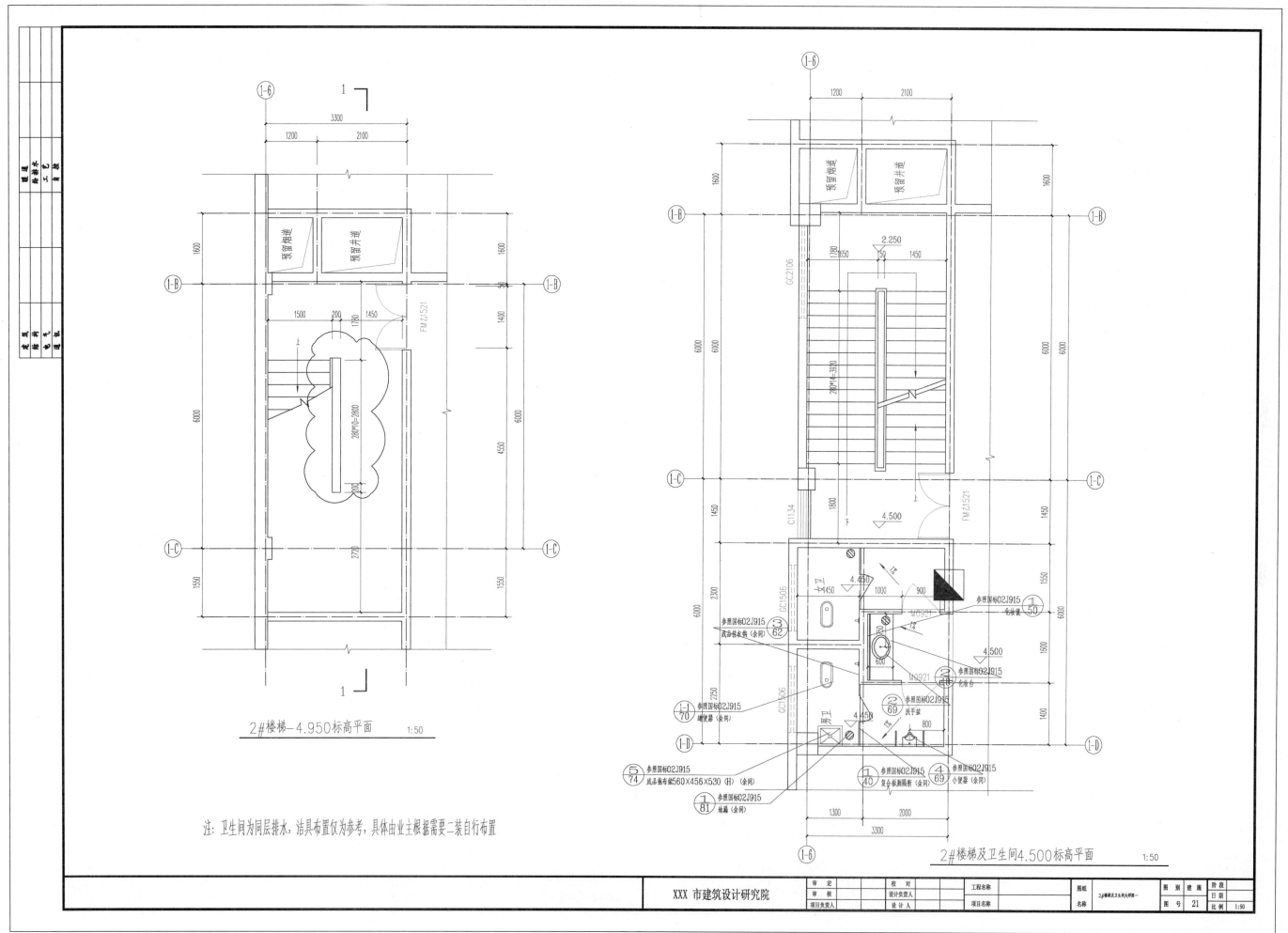

注: 卫生间为同层排水, 洁具布置仅为参考, 具体由业主根据需要二装自行布置

2#楼梯－4.950标高平面　　1:50

2#楼梯及卫生间4.500标高平面　　1:50

XXX 市建筑设计研究院

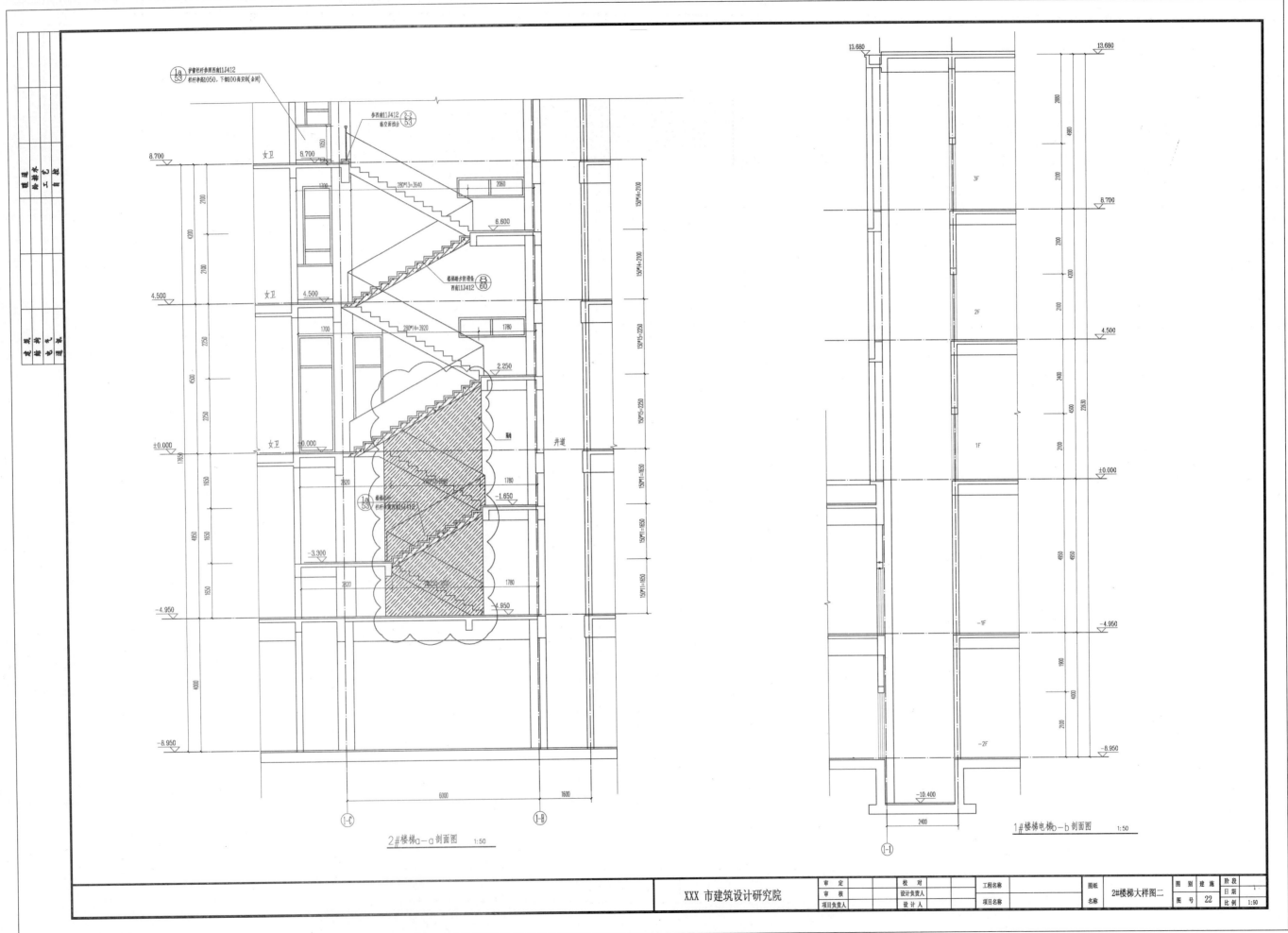

2#楼梯a-a剖面图 1:50

1#楼梯电梯b-b剖面图 1:50

XXX 市建筑设计研究院	审 定		校 对		工程名称		图纸名称	2#楼梯大样图二	图 别	建施	阶 段	
	审 核		设计负责人						图 号	22	日 期	
	项目负责人		设 计 人		项目名称				比 例	1:50		

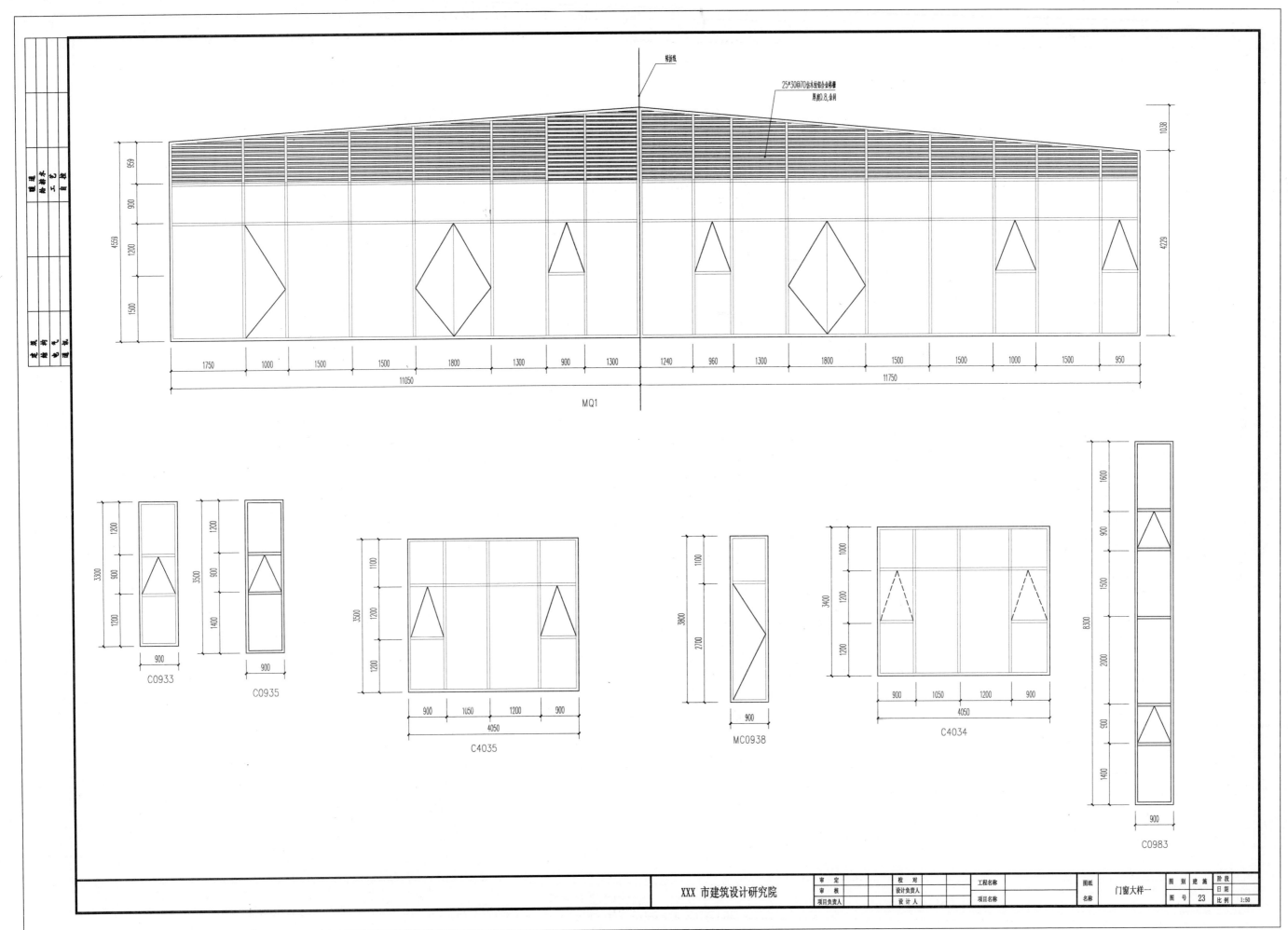

MQ1

C0933

C0935

C4035

MC0938

C4034

C0983

25*30@70仿木纹铝合金格栅
厚度0.8,金刚

拼接线

XXX 市建筑设计研究院

审 定		校 对		工程名称		图纸	门窗大样一	图别 建施	阶段	
审 核		设计负责人				名称		日期		
项目负责人		设 计 人		项目名称				图号	23	比例	1:50

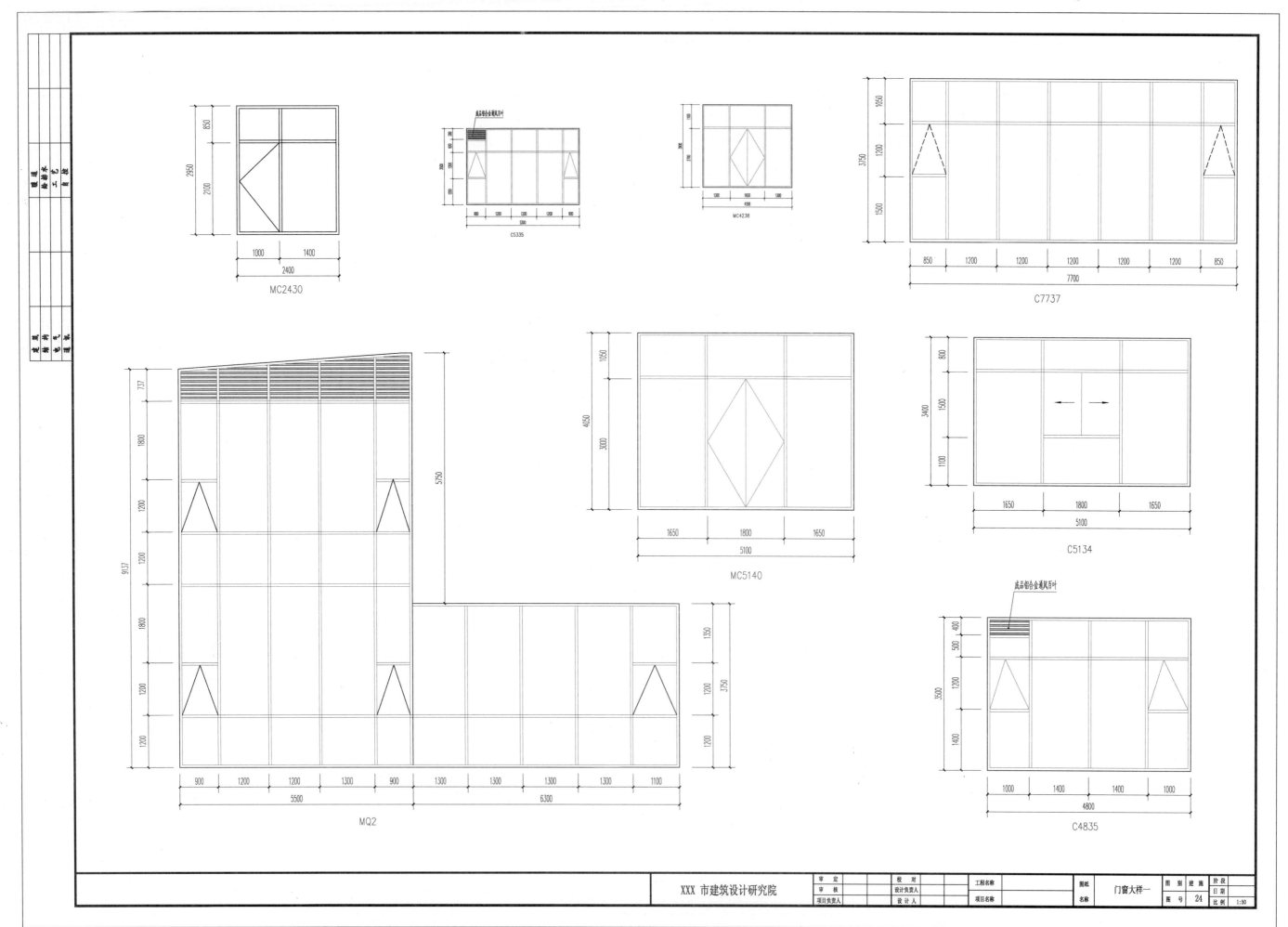

MC2430

C5335

MC4238

C7737

MQ2

MC5140

C5134

C4835

成品铝合金通风百叶

XXX 市建筑设计研究院

审 定		校 对		工程名称		图纸	门窗大样一	图 别	建施	阶 段	
审 核		设计负责人				名称		图 号	24	日 期	
项目负责人		设 计 人		项目名称				比 例	1:50		

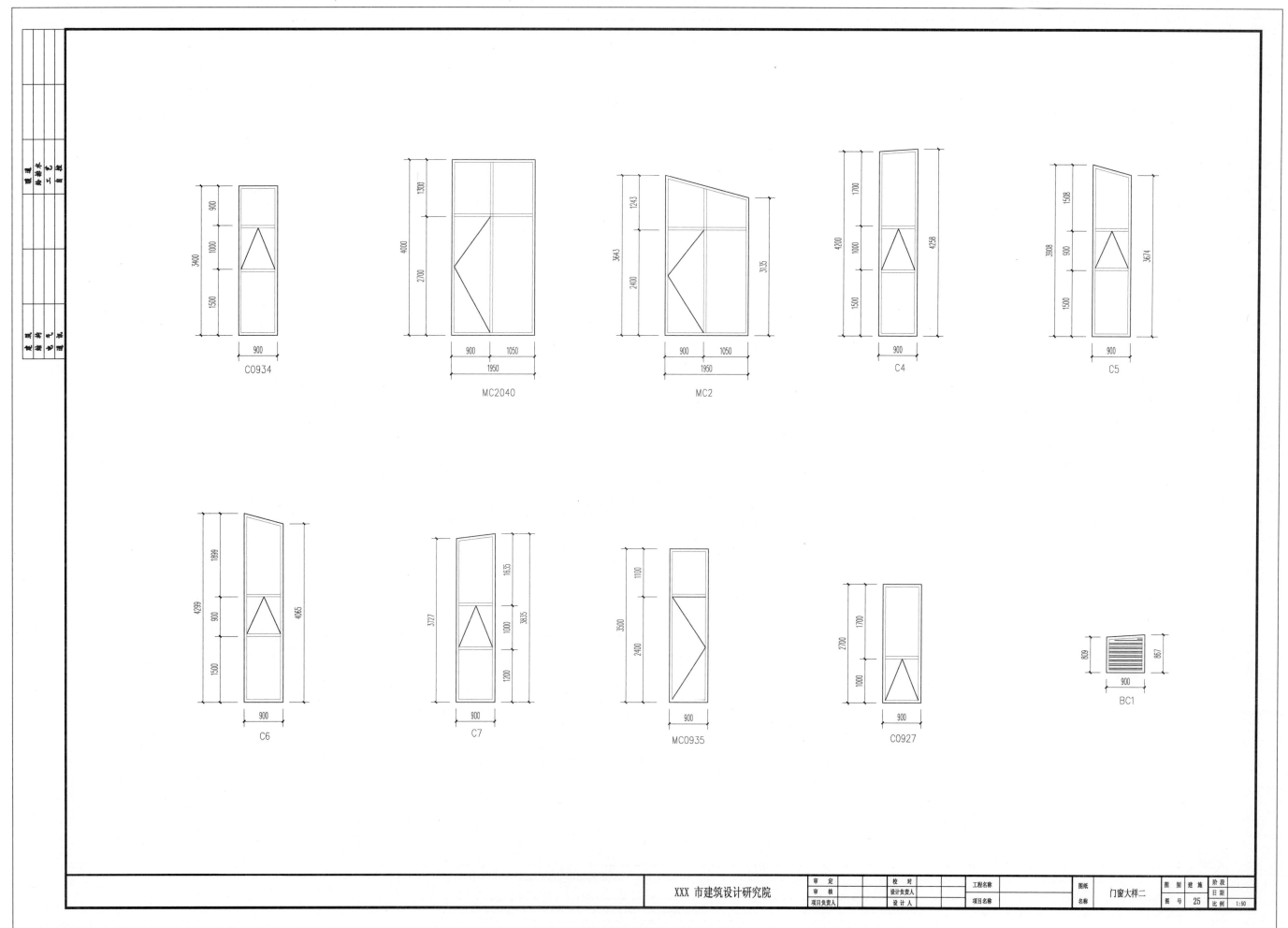

C0934

MC2040

MC2

C4

C5

C6

C7

MC0935

C0927

BC1

XXX 市建筑设计研究院

审 定		校 对	
审 核		设计负责人	
项目负责人		设 计 人	

工程名称

项目名称

图纸 名称 门窗大样二

图 别	建施	阶段	
		日期	
图 号	25	比例	1:50

门窗统计表

类型	设计编号	洞口尺寸(mm)	樘数 1层	2层	3层	合计	备注
木门	M0921	900X2100	2	2	2	6	带百叶窗(卫生间)
	M1521	1500X2100	1	1	1	3	实心木门
断热桥铝合金门窗	MC5140	5100X4000	1			1	
	MC4238	4200X3800	1			1	
	M0938	900X3800	2			2	
	C5333	5300X3300	1			1	
	C4035	4000X3500	1			1	
	C0303	300X300	43	43		86	
	C4835	4800X3500	2			2	
	C0983	900X3800		1		4	
	GC2106	2100X600	1	1	1	3	
	GC1506	1500X600	2	2	2	6	
	C5134	5100X3400		1		1	
	C4034	4000X3400		1		1	
	C1	见详图		1		1	
	C2	见详图		1		1	
	C3	见详图		1		1	
	C0934	900X3400		1		1	
	C7737	7700X3700		1		1	
	C3006	3000X600			1	1	
	MC2430	2400X3000			1	1	
	C4	见详图			1	1	
	C5	见详图			1	1	
	C6	见详图			1	1	
	C7	见详图			1	1	
	C2706	2700X600			1	1	
	C0921	900X2100			3	3	
	C0933	900X3300	1			1	
	MC1	见详图			1	1	
	MC2	见详图			1	1	
	MC1835	1800X3500		1		1	
幕墙	MQ1	见详图			1	1	断热桥铝合金框
	MQ2	见详图		1		1	断热桥铝合金框
百叶窗	BC1	见详图			1	1	铝合金窗框
防火门	FM乙1521	1500X2100	4	4	4	12	乙级防火木门
	FM丙0821	800X2100	1	1	1	3	丙级防火木门
	FM乙0921	900X2100	1	1		2	乙级防火木门

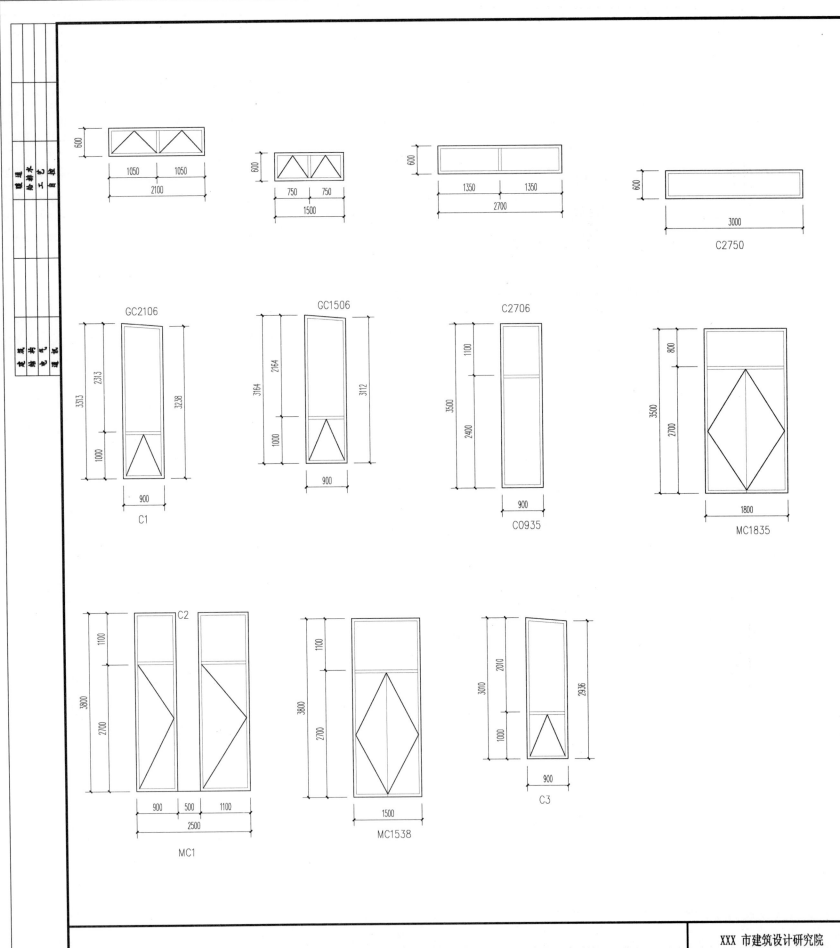

C2750 / GC2106 / GC1506 / C2706 / C1 / C0935 / MC1835 / C2 / MC1538 / MC1 / C3

1、图中门窗尺寸均为洞口尺寸。门窗尺寸以现场测量为准，实测后方可加工安装。门窗加工时应减去相关饰面材料或保温层厚度。

2、门窗立樘：内外门窗立樘除图中另有注明者外，立樘墙中。

3、门窗安装应满足其强度、施工、声学及安全性技术要求。

4、卫生间等处的门应作防腐处理。

5、凡单块玻璃面积大于1.5平方米的窗采用钢化安全玻璃。供五金配件。预埋件位置视产品而定，但每边不得少于二个。

6、门窗生产厂家应由甲乙方共同认可。厂家负责提供安装详图，并配套送。

7、防火疏散门和防火墙上的防火门应在门的疏散方向安装单向闭门器。管井检修门应安装暗藏式插锁以防误开。

图纸名称 门窗大样二　图号 26　比例 1:50

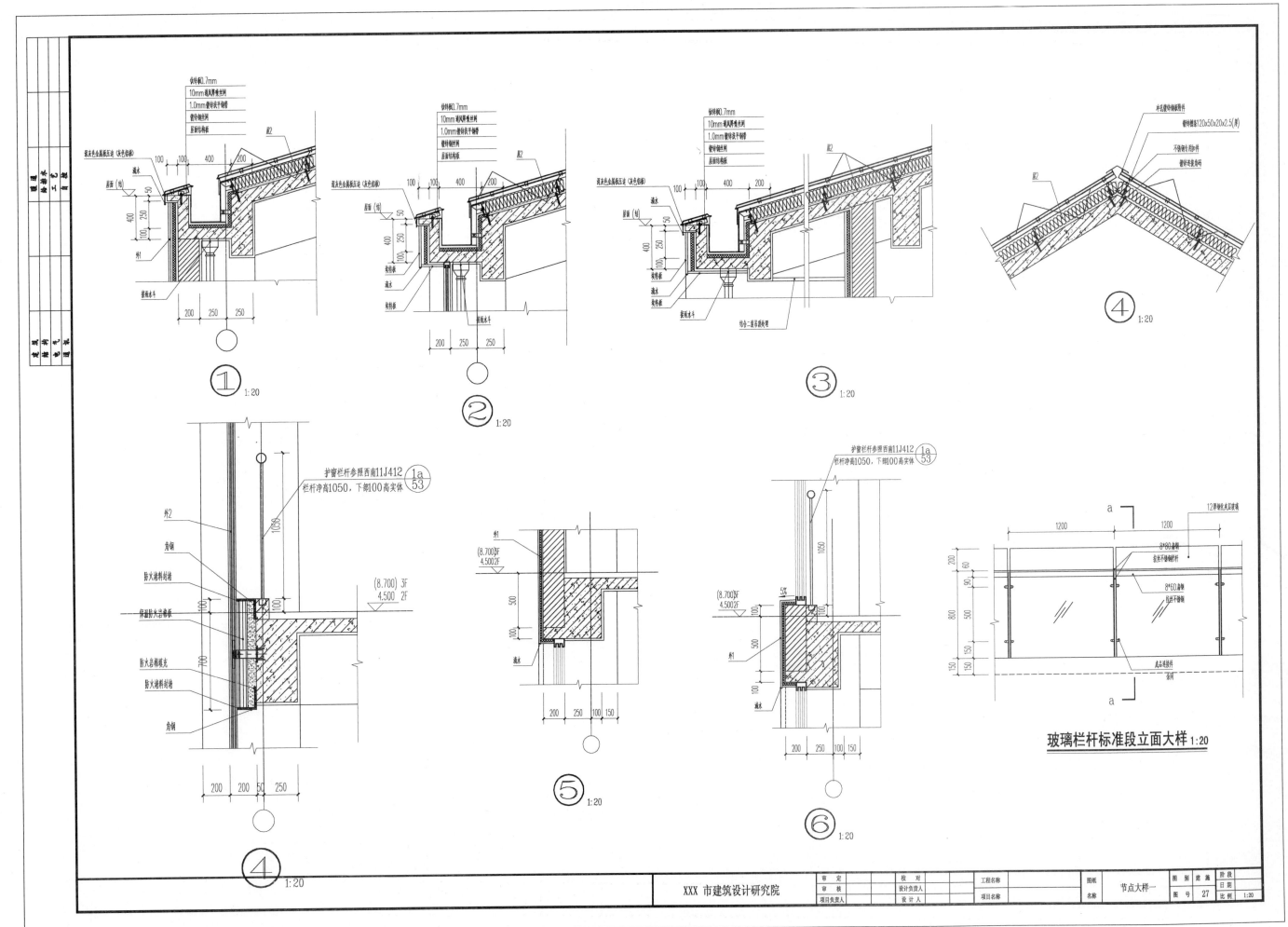

玻璃栏杆标准段立面大样 1:20

XXX 市建筑设计研究院

节点大样一

图号 27   比例 1:20

27

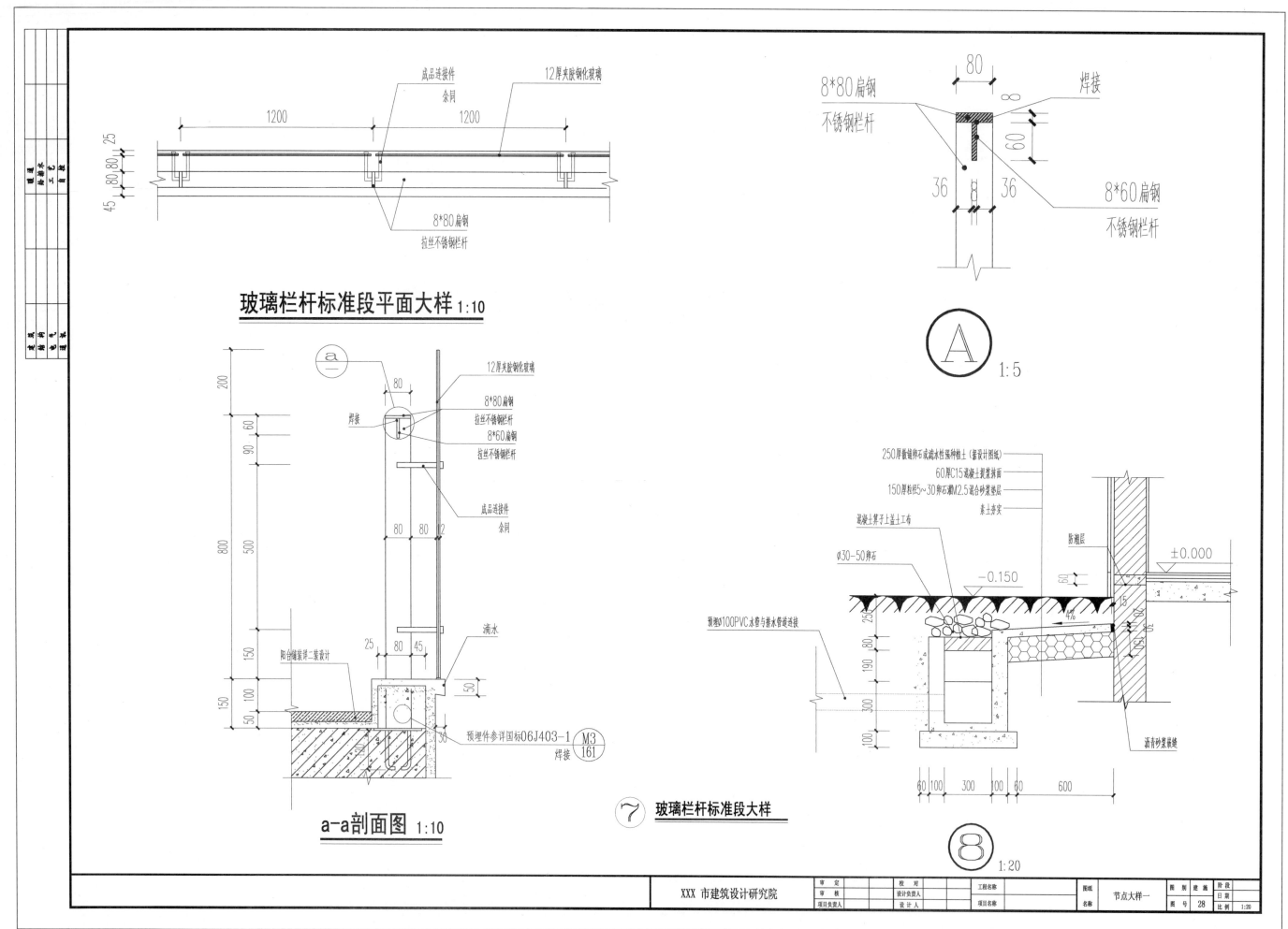

成品连接件
余同

12厚夹胶钢化玻璃

1200

1200

8*80扁钢
拉丝不锈钢栏杆

玻璃栏杆标准段平面大样 1:10

80

8*80扁钢
不锈钢栏杆

焊接

8

60

36 36

8*60扁钢
不锈钢栏杆

(A) 1:5

200

90 60

焊接

80 800 500

150

150 100 50

a

80

12厚夹胶钢化玻璃

8*80扁钢
拉丝不锈钢栏杆
8*60扁钢
拉丝不锈钢栏杆

80 80 12

成品连接件
余同

滴水

25 80 45

阳台铺装详二装设计

50

30

预埋件参详国标06J403-1 M3/161
焊接

a-a剖面图 1:10

250厚散铺卵石或滤水性强种植土（详设计图纸）
60厚C15混凝土找浆找面
150厚拉栓5~30卵石湖M2.5混合砂浆垫层
素土夯实

混凝土算子上盖土工布

Ø30-50卵石

-0.150

防潮层

±0.000

60

250 190 80 300 100

预埋Ø100PVC水管与排水管道连接

沥青砂浆嵌缝

4%

60 100 300 100 60 600

(7) 玻璃栏杆标准段大样

(8) 1:20

XXX 市建筑设计研究院

审 定		校 对		工程名称		图纸 名称	节点大样一	图 别	建施	阶 段	
审 核		设计负责人						日 期		
项目负责人		设 计 人		项目名称		图 号	28	比 例	1:20

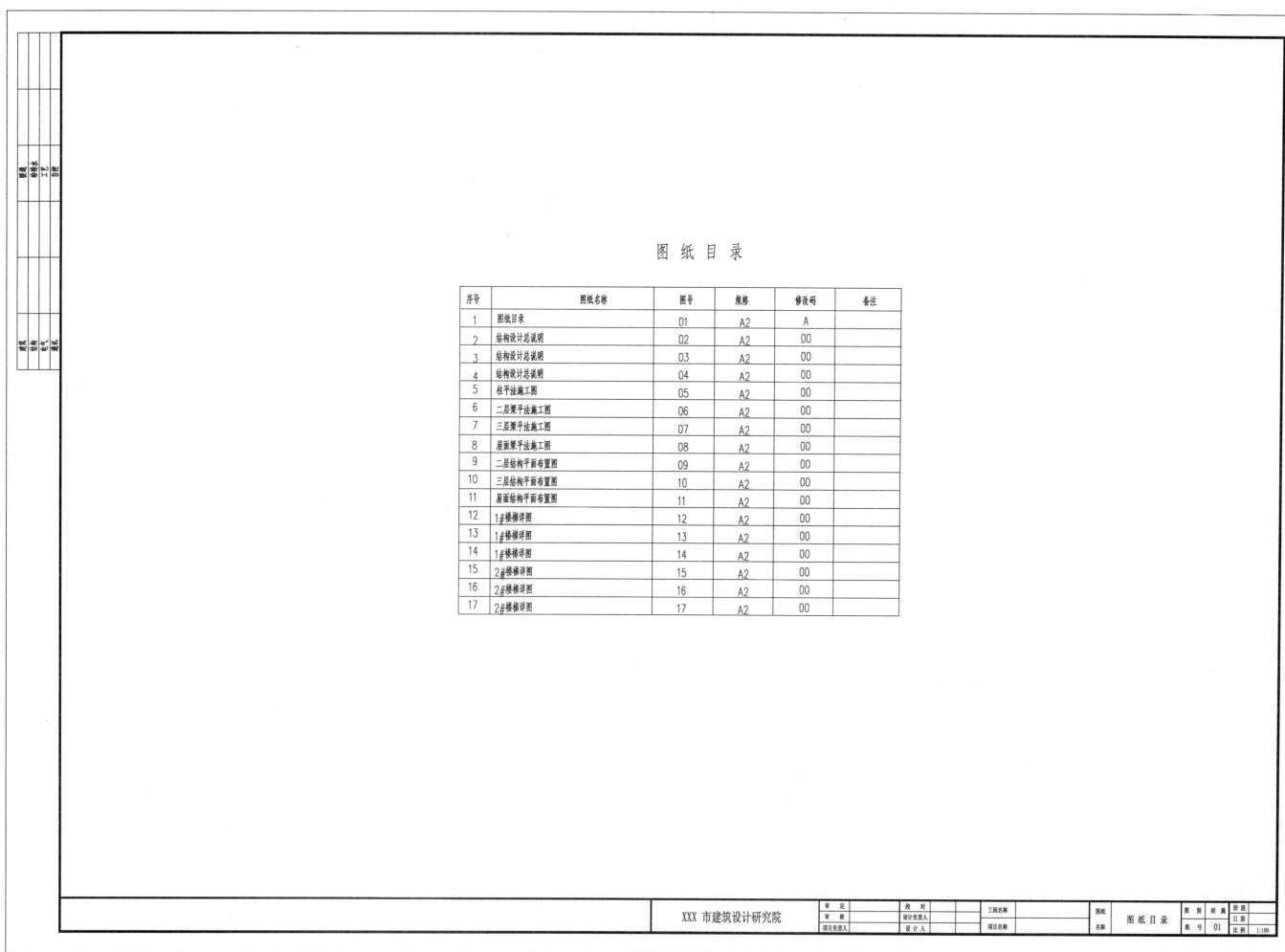

图 纸 目 录

序号	图纸名称	图号	规格	修改码	备注
1	图纸目录	01	A2	A	
2	结构设计总说明	02	A2	00	
3	结构设计总说明	03	A2	00	
4	结构设计总说明	04	A2	00	
5	柱平法施工图	05	A2	00	
6	二层梁平法施工图	06	A2	00	
7	三层梁平法施工图	07	A2	00	
8	屋面梁平法施工图	08	A2	00	
9	二层结构平面布置图	09	A2	00	
10	三层结构平面布置图	10	A2	00	
11	屋面结构平面布置图	11	A2	00	
12	1#楼梯详图	12	A2	00	
13	1#楼梯详图	13	A2	00	
14	1#楼梯详图	14	A2	00	
15	2#楼梯详图	15	A2	00	
16	2#楼梯详图	16	A2	00	
17	2#楼梯详图	17	A2	00	

XXX 市建筑设计研究院

审　定		校　对		工程名称		图纸	图纸目录	图　别	结施	阶段	
审　核		设计负责人				名称		日期		
项目负责人		设计人		项目名称				图　号	01	比例	1:100

比例 1:100

结 构 设 计 总 说 明

一、工程概况：

本工程位于四川省绵阳市，本子项为A1号楼，地上三层，框架结构。

二、自然条件：

1、基本风压：Wo =0.30kN/m²（50年一遇），地面粗糙度为B类。

2、基本雪压：So =0.1kN/m²（50年一遇）。

3、建筑场地类别：Ⅱ类。

4、抗震设防烈度为7度，设计基本地震加速度为0.10g，设计地震分组为第二组，特征周期为0.40s，多遇地震时水平地震影响系数最大值为0.08，结构阻尼比为0.05。

三、建筑分类等级：

1、建筑结构安全等级：二级

2、设计使用年限：50年

3、建筑抗震设防类别：丙类

4、地基基础设计等级：丙级

5、框架抗震等级：三级

6、建筑物的耐火等级：二级

四、本子项±0.000详见施工

五、本子项设计采用的程序SATWE、JCCAD，中国建筑科学研究院，2010年2.1版。

六、设计依据：

1、本子项设计遵循的主要标准、规范、规程：

《建筑结构可靠度设计标准》	GB 50068-2001
《建筑结构荷载规范》	GB 50009-2012
《混凝土结构设计规范》	GB 50010-2010
《建筑地基基础设计规范》	GB 50007-2011
《建筑工程抗震设防分类标准》	GB 50223-2008
《建筑抗震设计规范》	GB50011-2010
《建筑地基处理技术规范》	JGJ 79-2012
《钢结构设计规范》	GB 50017-2003
《住宅建筑规范》	GB 50368-2005
《混凝土外加剂应用技术规范》	GB 50119-2003
《纤维混凝土结构技术规程》	CECS 38:2004
《钢筋机械连接技术规程》	JGJ 107-2010
《建筑结构制图标准》	GB/T 50105-2010

七、荷载

1、设计采用的楼、屋面活布活荷载标准值：(kN/m²)

(1)、楼面：

商业	3.5
卫生间	2.5
楼梯间	3.5

2、其它荷载：

(1)、屋面板、接檐、雨罩、施工或检修集中荷载为1.0kN，每隔1m一个集中荷载。

栏杆顶端水平荷载1.0kN/m。

3、施工和使用过程中不得超过上述荷载。

八、地基与基础：

1、本子项基础详见地下室子项结构施工图。

九、材料：

1、混凝土：

构造柱、过梁、压顶圈梁	±0.000以下C25
	±0.000以上C25
梁、板	C30
柱	C30

2、钢筋：HPB300（Φ）、HRB335（Φ）、HRB400（Φ）及 HRB500级钢筋（Φ）。

所选图集中的HPB235级钢筋均改为 HPB300级钢筋。

钢筋应符合国家相关的产品标准要求。钢筋的强度标准值具有不小于95%的保证率。

抗震等级为一、二、三级的框架（包含KZ、KL、WKL、KZZ、XZ、KZL、LZ、QZ、TLZ、TKL）、所有斜撑构件（含梯段），其纵向受力钢筋采用普通钢筋时，钢筋的抗拉强度实测值与屈服强度实测值的比值不应小于1.25；钢筋的屈服强度实测值与屈服强度标准值的比值不应大于1.3，且钢筋在最大拉力下的总伸长率实测值不应小于9%。结构用钢材应具有抗拉强度、屈服强度、伸长率和碳、磷含量的合格保证；对焊接钢结构用钢材，尚应具有碳含量、冷弯试验的合格保证。

3、预埋件用：Q235B。

4、吊钩应采用HPB300钢筋，不得替换为其它钢筋。吊钩详本图"电梯吊钩"。

5、焊条：按《钢筋焊接及验收规程》JGJ18-2012执行。

6、填充墙材料：

(1)非承重的外围护墙和内隔墙分别采用页岩多空砖和页岩空心砖，地上用M5混合砂浆砌筑，地下用M5水泥砂浆砌筑。

(2)卫生间为100,200厚页岩多孔砖，靠地面300高墙体用C10素混凝土浇筑。

7、卫生间用隔墙材料、卫生间隔断构造和隔墙与结构墙的差异见填充墙说明；重量应≤12kN/m²。

十、混凝土构件：

1、结构所处的环境类别及耐久性的基本要求：

与土接触的地面以下结构的环境类别为二b类（背土面环境类别为二a类）；

与水接触的结构（包括迎水面和背水面）的环境类别为二a类；其它环境类别为一类。

结构混凝土耐久性的基本要求详一表1。

表1：结构混凝土材料的耐久性基本要求

环境类别	最大水胶比	最大氯离子含量 %	最大碱含量 kg/m³
一	0.60	0.30	不限制
二 a	0.55	0.20	3.0
二 b	0.50	0.15	3.0

注：1、氯离子含量系指其占胶凝材料总量的百分比；

2、当使用非碱活性活性骨料时，对混凝土中的碱含量可不作限制；

3、预应力构件混凝土中的最大氯离子含量为0.06%。

2、最外层钢筋（包括箍筋、构造筋、分布筋等）的混凝土保护层厚度（mm）

板、墙（一类环境）	15
梁、柱、支撑（一类环境）	20
地下室底板、基础	40
梁、墙、支撑（二b类环境）	35
板、墙（二a类环境）	20
梁、柱、支撑（二a类环境）	25

受力钢筋保护层厚度不应小于钢筋的公称直径d。施工中应采取可靠措施，保证混凝土保护层厚度且不得超厚。

混凝土强度等级不大于C25时，保护层应比上表增加 5mm。

保护层厚度有特殊者详有关构件图中所注。梁板钢筋保护层详—梁板钢筋保护层示意图。

3、纵向受力钢筋的最小锚固及搭接长度详图集11G101-1第53~55页。

4、混凝土结构在使用过程中应定期检测、维修；构件表面的防护层，应按规定维修或更换；结构出现可见的耐久性缺陷时应及时进行处理。

十一、梁、柱、剪力墙：

梁、柱、剪力墙钢筋图制及标准构造大样选用《混凝土结构施工图平面整体表示方法制图规则和构造详图（现浇混凝土框架、剪力墙、梁、板）》（11G101-1）。本条未注明的图集均为此图集。

1、封闭箍筋及拉筋弯钩构造、梁并筋等弯放对称筋的小净距、梁柱纵筋间距、螺旋箍筋构造详图集第56页。拉筋弯钩构造采用拉筋同时钩住纵筋和箍筋的方式。

2、梁、柱、剪力墙钢筋连接、锚固等构造详图集57~91页。当箍筋直径≥28mm或>25mm的纵筋受拉时，应采用机械连接。钢筋机械连接的接头等级应为Ⅰ级或Ⅱ级接头，接头百分率不应大于50%。

(3)非框架梁（L）的配筋构造详图集第86、88页。

(4)框支梁配筋构造详图集90页。

(5)除特殊注明外，梁编号带"*"号者与相应编号的梁配筋对称，即 KL2*(1)与 KL2(1)配筋对称。

(6)梁平法施工图需配合结构平面布置图施工，梁位置以结构平面布置图为准。

(7)纯悬挑梁XL及各类梁的悬挑端配筋构造详图集第89页。悬挑梁根部配筋构造详—悬挑梁根部配筋构造大样。当悬挑跨挑出长度≥2m应起拱，起拱值为3‰L。悬挑梁上部纵筋不允许接头，混凝土强度达到100%方可拆模。

(8)当梁与柱或剪力墙边齐平时，梁外侧的纵向钢筋应稍作弯折，置于柱或剪力墙主筋内侧，并在弯折处增加两个箍筋。

(9)当梁的跨度>4m时，梁跨中应按2%起拱。

(10)框架梁、次梁的计算所需抗扭纵筋（图中以N表示者）应分别伸入支座内 laE、la。

(11)当梁的腹板高度hw≥450时按—梁腰筋配筋表设置构造腰筋，代号为"G"，图中另有注明者除外。

(12)除注明外，主次梁相交处于主梁内次梁两侧设置加箍筋，每侧数量3根，附加箍筋直径及肢数同主梁箍筋。当挑梁与次梁（边梁）相交处于悬挑梁内设置附加箍筋，数量3根。除注明外，交叉梁（相交梁高度相同时）于每根交叉梁两侧各设附加箍筋3根，附加箍筋直径及肢数同梁箍筋。另加吊筋的数量和直径详梁施工图。

(13)顶层KL配筋构造同图集第80、82、84页屋面框架梁WKL的配筋构造。

XXX 市建筑设计研究院

审定		校对		工程名称		图别	结构设计总说明	阶段	
审核		设计负责人				日期			
项目负责人		设计人		项目名称		图号	02	比例	1:100

4、柱:
(1)柱钢图规则及构造详图图集第8~12、57~67页。QZ、LZ纵向钢筋构造详图图集第61、66页。芯柱XZ配筋构造详图图集第67页。框支柱KZZ配筋构造详图图集第90页。
(2)除图中注明外柱净高与柱截面长边尺寸之比小于4时柱箍筋应全高加密。
(3)柱顶标高应结合结构平面布置图及楼层施工。
(4)柱插筋在基础中的锚固详图集11G101-3第59页。
(5)柱子混凝土强度等级高于楼层梁板时,梁柱节点处的混凝土按以下原则处理:
梁柱节点处的混凝土应按柱子混凝土强度等级单独浇筑,详"梁柱节点混凝土浇筑大样",在混凝土初凝前即浇筑梁板混凝土,并加强混凝土的振捣和养护。
(6)框架柱节点区是指框架柱与周边(单侧或多侧)框架梁相交处梁高度范围的区域,包括该节点较高梁面至较低梁底的范围。

十二、板:
板钢图规则及标准构造大样详图图集11G101-1第36~52、92~106页。本条未注明的图集为此图集。
1、板钢筋顺短版方向放在外侧,顺长跨方向放在内侧。
2、当板底与梁底平时,板的下部钢筋伸入梁内,并置于梁底下排钢筋之上。
3、板开洞加强钢筋构造详图图集第101、102页。对单向洞(板长边与洞之比)>3为单向板,其余为双向板。沿短向的补强钢筋应伸至支座(梁或墙)内l_a,另一方向的补强钢筋应伸过洞边a;对双向板两方向的补强钢筋均应伸至支座内l_a。
4、有梁楼盖普通楼(屋)面板的钢筋锚固及配筋构造详图图集第92页。楼板钢筋在端部支座的锚固应满足图集第92页说明第7条的要求。图集中板上部钢筋在端部支座充分利用钢筋的抗拉强度时为最大值。
5、梁板式转换层的板上下部钢筋锚入支座长度不小于l_a。
6、板钢筋应设支撑,浇灌混凝土时应设临时马道,保证钢筋的准确位置,严禁踩塌钢筋。
7、板上部分布钢筋:

双向板:板厚<150板上部分布钢筋为φ6@200,板厚>150板上部分布钢筋为φ6@150。

单向板:板厚=80 板上部分布钢筋为φ6@230,板厚=100 板上部分布钢筋为φ6@180。
板厚=110 板上部分布钢筋为φ6@170,板厚=120 板上部分布钢筋为φ6@150。
板厚=130 板上部分布钢筋为φ6@140,板厚=140 板上部分布钢筋为φ6@130,
板厚=150 板上部分布钢筋为φ6@120,板厚=160 板上部分布钢筋为φ6@110,
板厚=180 板上部分布钢筋为φ8@180,板厚=200 板上部分布钢筋为φ8@160。

屋面板,厚度>150的屋面板,在无上部受力钢筋板面均设双层双向φ6@150钢筋网,与板底钢筋搭接350。

8、板上暗梁下部受力钢筋通长布置,当板跨>1500且≤2500为2φ14,>2500为2φ16。

加腋钢筋按下图构造加做。

9、管道进入并内钢筋在预留洞口处不得切断,待管道安装后用高一级混凝土浇注。
10、板内埋设管线时,所埋设管线应放在板底钢筋之上,板上部钢筋之下,且管线处的混凝土保护层厚度应不小于30mm。
11、厨房、卫生间周边除门洞口外板面混凝土,高度详施工,宽度同墙厚,混凝土强度等级同板。
12、现浇挑檐每隔12m设置伸缩缝,伸缩缝宽度20mm,采用油膏嵌缝或采取其它防渗漏措施。
13、悬挑板XB、无支撑板端封边、折板配筋构造详图图集第95页。板加腋,局部升降板构造详图图集第99、100页。
14、悬挑板(包括挑檐飘窗顶板等)阳角放射筋:直径同板面钢筋,钢筋在板中心线处间距100,构造详图集第103页。
15、板配筋图中所注非普通长板面钢筋的长度为支座边缘以外的尺寸,详"板上部钢筋尺寸标注示意"。

十三、填充墙(填充砌体):
《多层和高层混凝土房屋结构抗震构造》12ZG003
本子项钢筋填充墙施工应满足抗震设防烈度6度的构造要求,各相关节点及做法均按6度选用。
填充墙拉筋沿墙全长贯通,并应采用钢丝网砂浆面层加强。
2、填充墙构造柱、水平系梁设置原则详《多层和高层混凝土房屋结构抗震构造》,构造柱箍筋为φ6@100/200,加密区长度,马牙槎做法详《多层和高层混凝土房屋结构抗震构造》。
填充墙边框(边柱)的设置,配筋构造详《多层和高层混凝土房屋结构抗震构造》。

3、填充墙过梁详《轻质填充墙构造图集》川07G01第21页。与柱墙相连的过梁均采用现浇,上部纵筋改为同下部纵筋,纵筋锚入柱墙内l_a,过梁宽度同墙厚。
含剪力墙的结构,隔墙厚度不小于300且不大于500时,过梁截面及配筋详"剪力墙过梁"。
4、阳台栏板构造详《轻质填充墙构造图集》川07G01第22页。
5、女儿墙构造详《多层和高层混凝土房屋结构抗震构造》。
6、填充砌体构造柱、外立面装饰柱(代号GZ),应在主体结构施工完成后浇筑混凝土。与填充砌体连接的GZ应在砌体砌筑完成后浇筑混凝土,接缝处应留马牙槎。
7、梁、板下部有构造柱时,在与构造柱对应位置的梁、板下部预埋钢筋,数量及直径同构造柱纵筋。

十四、后浇带及膨胀加强带:
1、本子项后浇带及膨胀加强带设置详基础平面图和各层结构平面图,后浇带及膨胀加强带采用比设计强度等级提高一级的填充用膨胀混凝土,非地下室部分采用混凝土水中14天限制膨胀率不小于0.02%。填充用膨胀混凝土的性能应符合《混凝土外加剂应用技术规范》GB50119-2003的要求。
2、梁、板、墙后浇钢筋构造详图图集11G101-1第98页。基础底板后浇带、基础梁后浇带构造详图图集11G101-3第93页。
3、伸缩后浇带在浇筑混凝土两个月后封闭,沉降后浇带在主体结构封顶且沉降稳定后封闭。
4、后浇带两侧结构应可靠支撑,支撑应可靠传力至地基。后浇带强度达到设计强度后方可拆除此支撑。应采取措施保护后浇带钢筋,避免外露部位的锈蚀。
5、后浇带浇注前应将两侧不密实的混凝土剔除,清除浮渣及杂物,用水冲洗后,混凝土表面刷纯水泥浆两道。后浇防水构造详图集《地下建筑防水构造》02J301第43、44页。
6、后浇带浇注完毕后如需微外防水及覆土,若若地下工作不能立即覆土,则后浇带封闭时间应延后至可以覆土时再封闭。后浇带封闭应待两侧混凝土中心温度降至环境温度时再浇注。
7、膨胀加强带在其两侧用密孔钢丝网铁带将带内混凝土与带外混凝土分开,带宽不小于2000mm,连续浇注。

十五、其它要求:
1、未经技术鉴定或设计许可,不得改变结构的用途和使用环境。
2、既有结构延长使用年限、改变用途、改建、扩建或需要进行加固、修复时,均应对建筑结构进行评定、鉴算或重新设计。
3、采用标准图、通用图重复使用图时,应按所用图集要求进行施工。
4、混凝土结构施工前应对预留孔、预埋件、楼梯栏杆和阳台栏杆的位置与各专业图纸加以校对,并应与设备及各工种密切配合施工。
5、设备基础必须在设备到货后,经校对尺寸无误后方可施工。对设备的预留孔洞及预埋件需与安装单位配合,施工时如有疑问可与设计单位联系。
6、电梯定货后应符合本子项图纸的要求,预留孔洞及预埋件应符合本图集的要求。电梯坑、墙身留孔洞、预埋铁件、吊钩应与建施图及电梯工艺配合进行,不得遗漏。
7、施工时密切配合建、水、电、设施图进行施工,严格按照施工验收规范执行。
8、所有穿地下室外墙的管道套管均应加焊止水片防渗漏,具体位置按各专业图纸施工。
9、本子项防雷接地及做法位置及要求详电施图。
10、未经设计同意,不得随意打洞、剔凿。
11、所有外露铁件必须在除锈后涂防腐漆,面漆两道,并经常注意维护。
12、本子项图中,标高以米(m)为单位,其余以毫米(mm)为单位。

十六、未尽事宜应按国家现行施工及验收规范(规程)的有关规定进行施工。

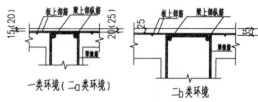

梁板钢筋保护层示意图
施工时应采用措施保证钢筋保护层厚度
受力钢筋保护层厚度不应小于钢筋的公称直径

一类环境(二a类环境) 二b类环境

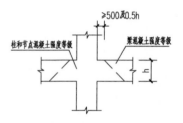

梁柱节点混凝土浇筑大样

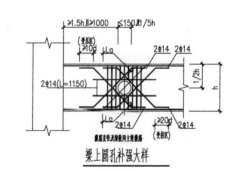

梁上圆孔补强大样

XXX市建筑设计研究院	审定		校对		工程名称		图纸	结构设计总说明	图别	结施	阶段
审核		设计负责人						日期	
项目负责人		设计人		项目名称		名称		图号	03	比例	1:100

梁腰筋构造配筋表

b\hw	450	500	550	600	650	700	750	800	850	900	950	1000	>1000
200	4⊈10				6⊈10				8⊈10				⊈10@200
250	4⊈10				6⊈10				8⊈10				⊈10@200
300	4⊈10		4⊈12		6⊈10			6⊈12	8⊈10				⊈10@200
350	4⊈12			6⊈10			6⊈12		8⊈10		8⊈12		⊈12@200
400	4⊈12			4⊈14			6⊈12			8⊈12			⊈12@200
450	4⊈12		4⊈14		6⊈12			6⊈14		8⊈12		8⊈14	⊈14@200
500	4⊈14				6⊈12		6⊈14		8⊈12		8⊈14		⊈14@200

注：数量为两侧数量，不适用于连梁 LL

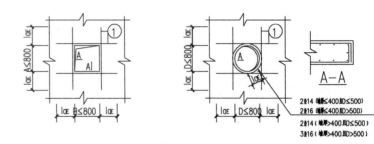

剪力墙洞口补强大样

① 号钢筋不得小于被切断钢筋面积的50%
当A、B≤300mm时，墙内钢筋绕洞而过，不应截断。

2⊈14（墙厚≤400且D≤500）
2⊈16（墙厚≤400且D>500）
2⊈14（墙厚>400且D≤500）
3⊈16（墙厚>400且D>500）

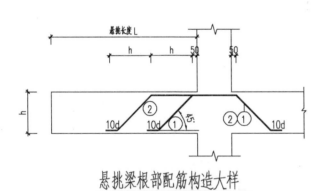

悬挑梁根部配筋构造大样

当1500≤L≤2100时设置 ⊈1 号钢筋2⊈14
当L>2100时设置 ⊈1、⊈2 号钢筋分别为2⊈14

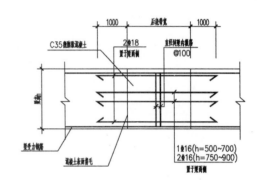

梁后浇带大样
待主体竣工后浇注

1⊈16（h=500~700）
2⊈16（h=750~900）

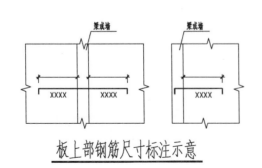

板上部钢筋尺寸标注示意

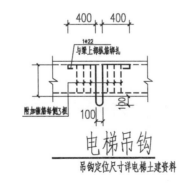

电梯吊钩
吊钩定位尺寸详电梯土建资料

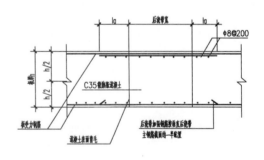

板后浇带大样
待主体竣工后浇注

XXX 市建筑设计研究院

结构设计总说明

图号 04 比例 1:100

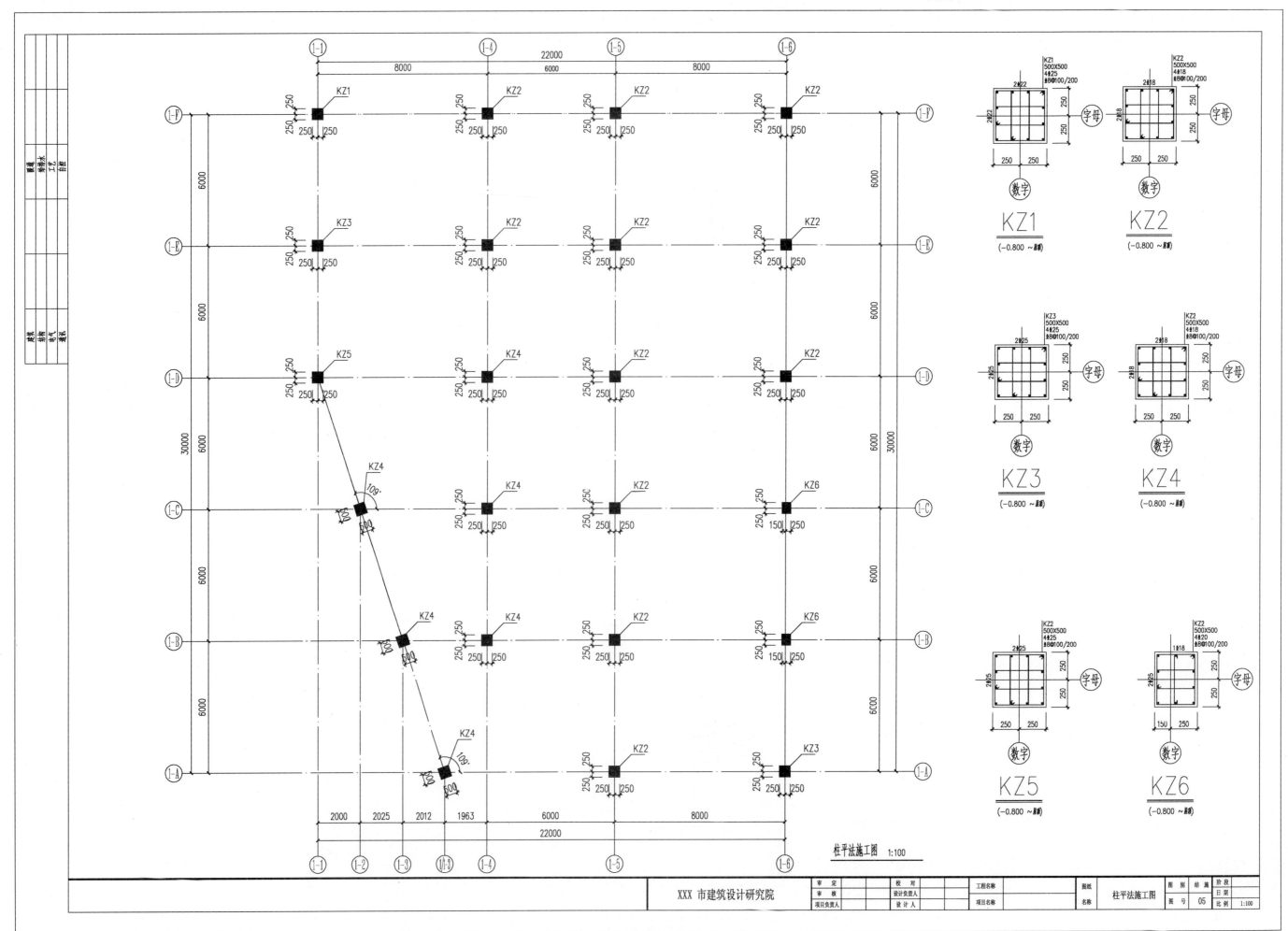

柱平法施工图 1:100

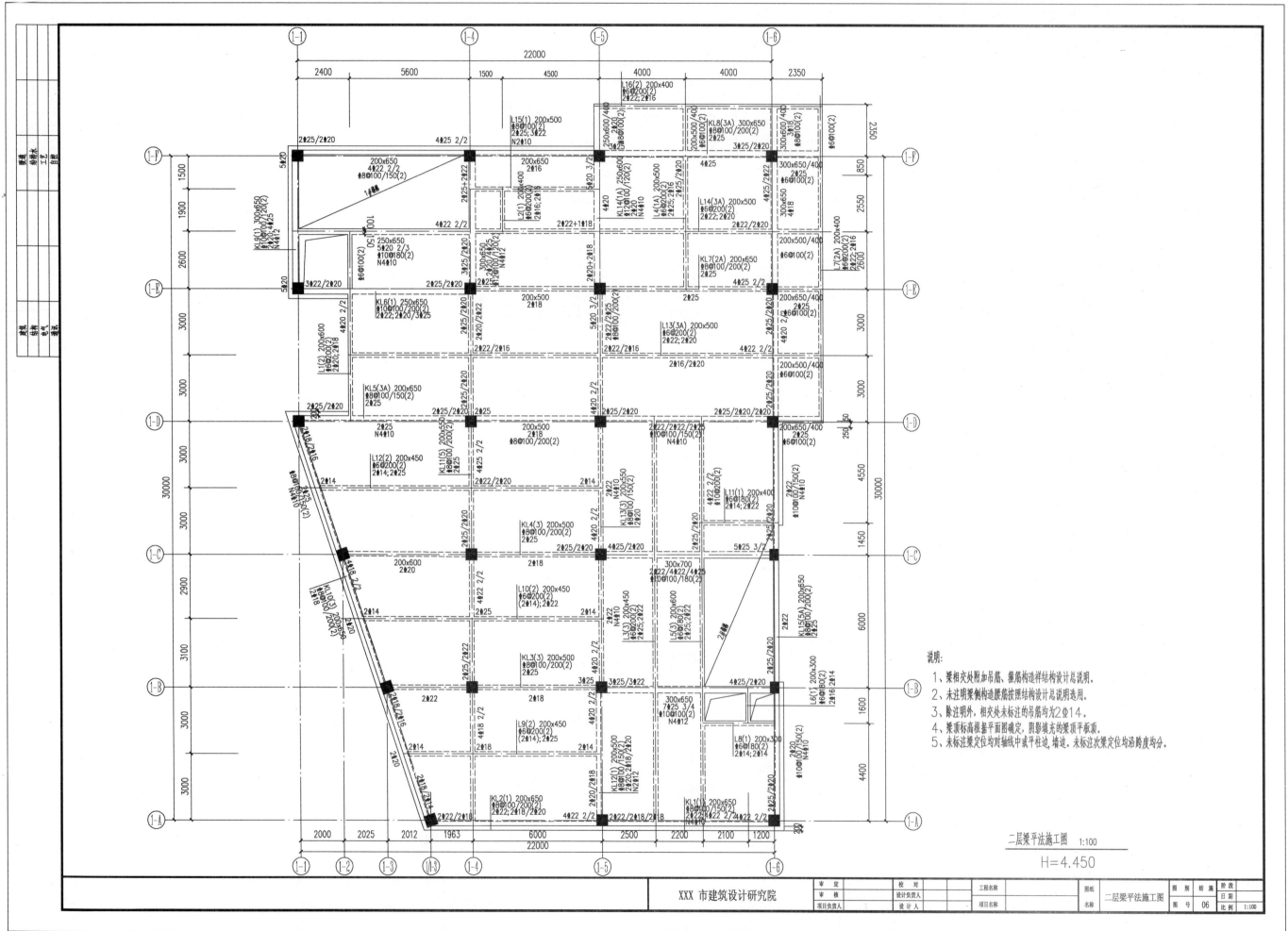

说明:
1、梁相交处附加吊筋、箍筋构造详结构设计总说明。
2、未注明梁侧构造腰筋按照结构设计总说明选用。
3、除注明外,相交处未标注的吊筋均为2Φ14。
4、梁顶标高根据平面图确定,阴影填充的梁顶平板顶。
5、未标注梁定位均对轴线中或平柱边,墙边,未标注次梁定位均沿跨度均分。

二层梁平法施工图 1:100

H=4.450

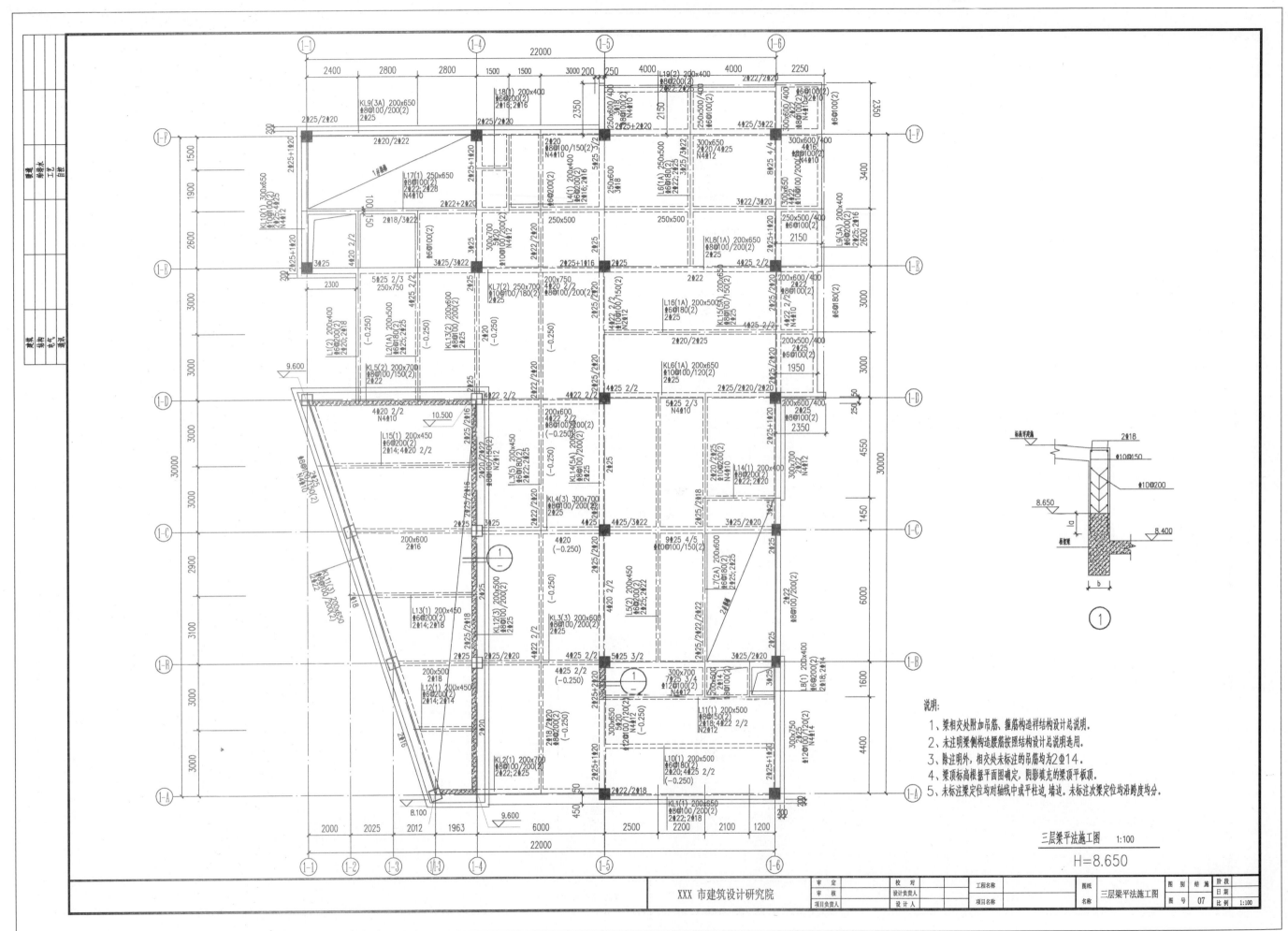

说明:
1、梁相交处附加吊筋、箍筋构造详结构设计总说明。
2、未注明梁侧构造腰筋按照结构设计总说明选用。
3、除注明外,相交处未标注的吊筋均为2Φ14。
4、梁顶标高根据平面图确定,阴影填充的梁顶平板顶。
5、未标注梁定位均对轴线中或平柱边,墙边,未标注次梁定位均沿跨度均分。

三层梁平法施工图   1:100

H=8.650

XXX 市建筑设计研究院

审定		校对		工程名称		图纸	三层梁平法施工图	图别	结施	阶段	
审核		设计负责人				名称		日期			
项目负责人		设计人		项目名称				图号	07	比例	1:100

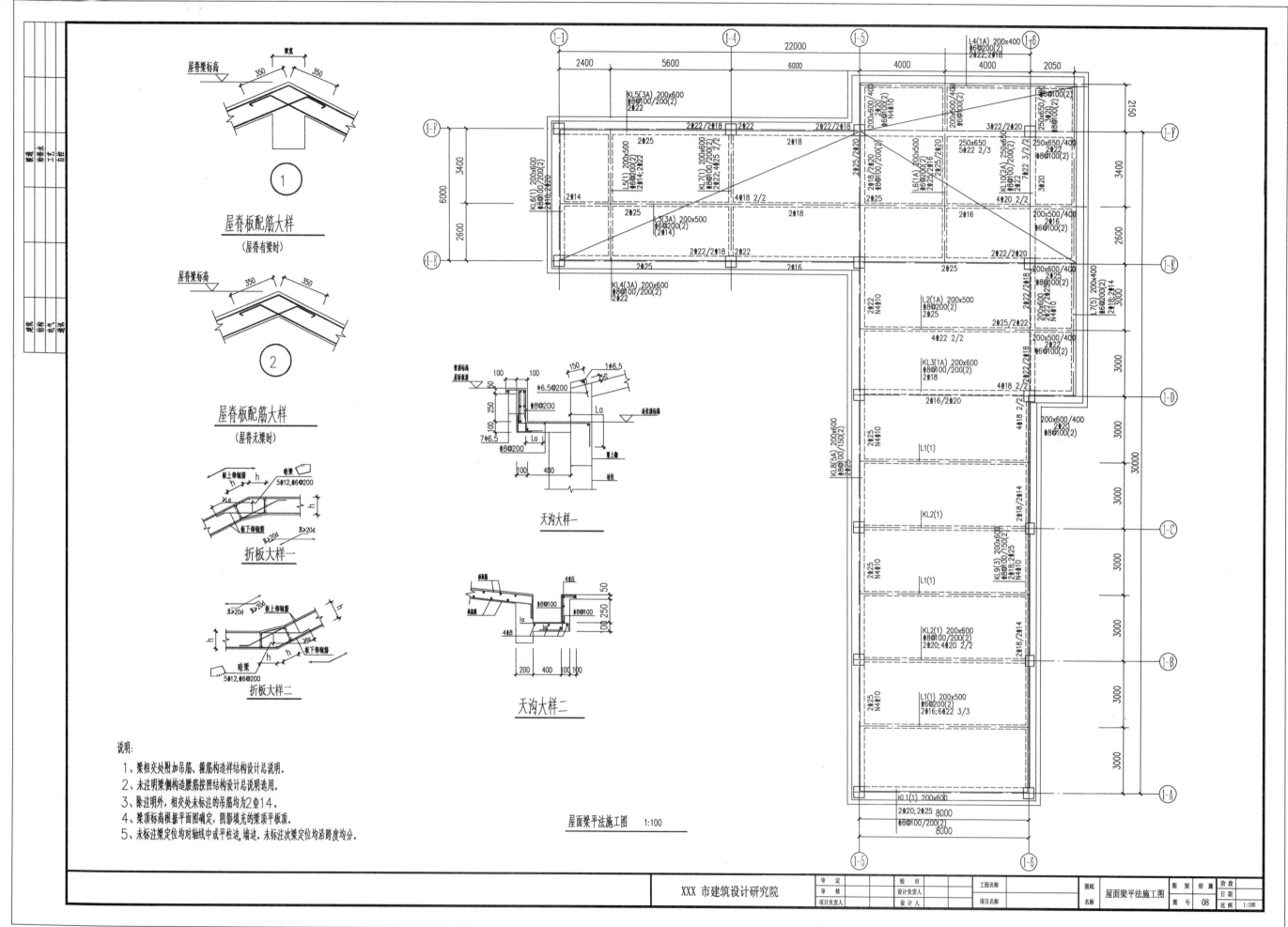

屋脊板配筋大样
（屋脊有梁时）

① 屋脊板配筋大样
（屋脊无梁时）

② 屋脊板配筋大样

折板大样一

折板大样二

天沟大样一

天沟大样二

屋面梁平法施工图   1:100

说明:
1、梁相交处附加吊筋、箍筋构造样见结构设计总说明。
2、未注明梁侧构造腰筋按图结构设计总说明选用。
3、除注明外，相交处未标注的吊筋均为2Φ14。
4、梁顶标高根据平面图确定，阴影填充的梁顶平板顶。
5、未标注梁定位均对轴线中或平柱边，墙边。未标注次梁定位均沿跨度均分。

XXX 市建筑设计研究院

审 定		校 对		工程名称		图纸	屋面梁平法施工图	图别	结施	阶段	
审 核		设计负责人				名称		日期		
项目负责人		设 计 人		项目名称				图号	08	比例	1:100

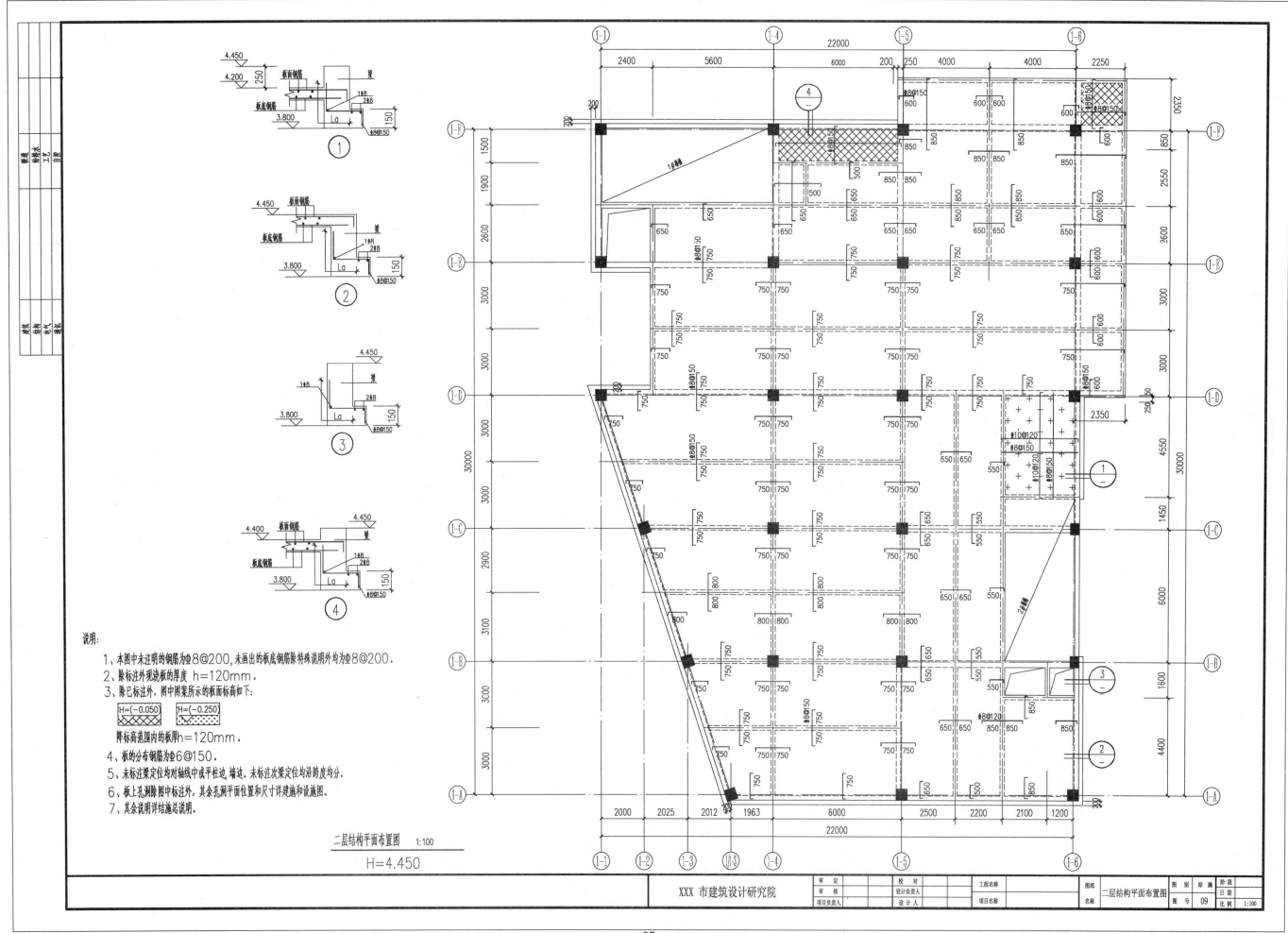

说明:
1、本图中未注明的钢筋为Φ8@200,未画出的板底钢筋除特殊说明外均为Φ8@200。
2、除标注外现浇板的厚度 h=120mm。
3、除已标注外,图中图案所示的板面标高如下:

H=(-0.050)	H=(-0.250)

降标高范围内的板厚h=120mm。
4、板的分布钢筋为Φ6@150。
5、未标注梁定位均对轴线中或平柱边,墙边。未标注次梁定位均沿跨度均分。
6、板上孔洞除图中标注外,其余孔洞平面位置和尺寸详建施和设施图。
7、其余说明详结施总说明。

二层结构平面布置图   1:100

H=4.450

XXX 市建筑设计研究院

图纸名称：二层结构平面布置图

图号 09   比例 1:100

37

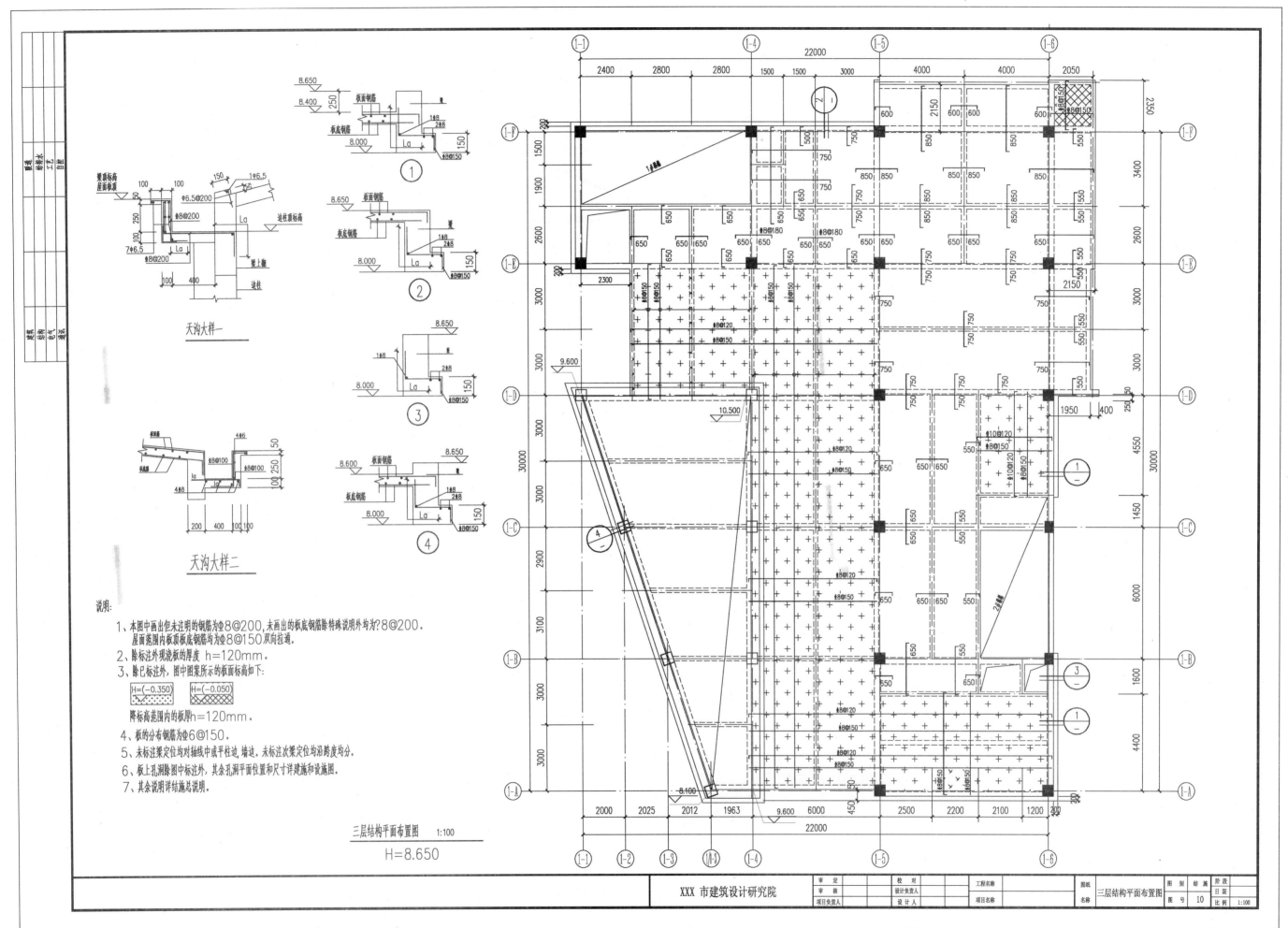

天沟大样一

天沟大样二

说明:
1、本图中画出但未注明的钢筋为Φ8@200,未画出的板底钢筋除特殊说明外均为Φ8@200。屋面范围内板顶板底钢筋均为Φ8@150双向拉通。
2、除标注外现浇板的厚度 h=120mm。
3、除已标注外,图中图案所示的板面标高如下:

| H=(−0.350) | H=(−0.050) |

降标高范围内的板厚h=120mm。
4、板的分布钢筋为Φ6@150。
5、未标注梁定位均对轴线中或平柱边,墙边。未标注次梁定位均沿跨度均分。
6、板上孔洞除图中标注外,其余孔洞平面位置和尺寸详建施和设施图。
7、其余说明详结施总说明。

三层结构平面布置图 1:100
H=8.650

XXX 市建筑设计研究院

三层结构平面布置图
图 号 10
比例 1:100

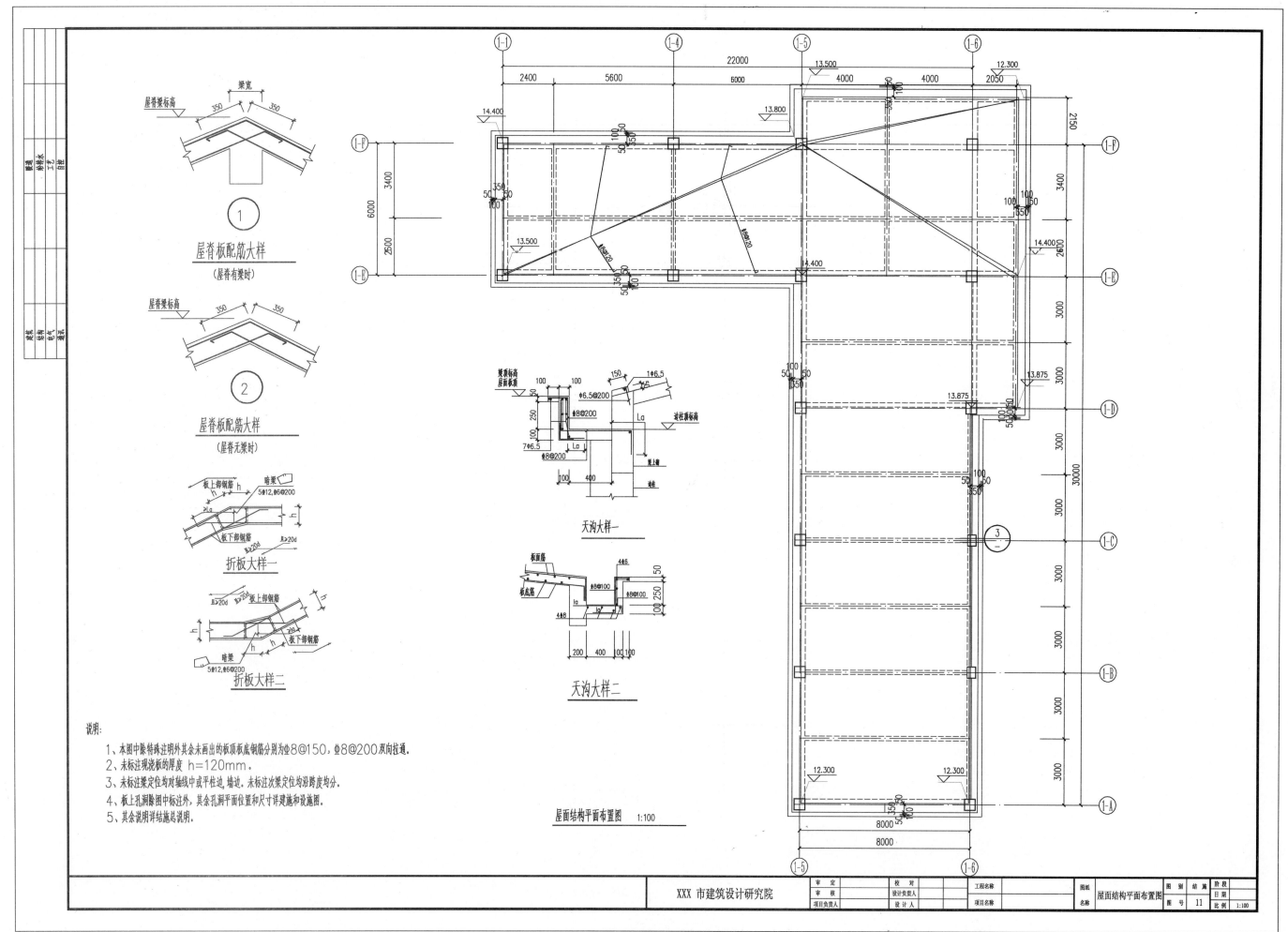

屋脊梁标高

梁宽

屋脊板配筋大样
（屋脊有梁时）

屋脊梁标高

屋脊板配筋大样
（屋脊无梁时）

折板大样一

折板大样二

天沟大样一

天沟大样二

屋面结构平面布置图   1:100

说明：
1、本图中除特殊注明外其余未画出的板顶板底钢筋分别为Φ8@150，Φ8@200双向拉通。
2、未标注现浇板的厚度 h=120mm。
3、未标注梁定位均对轴线中或平柱边，墙边，未标注次梁定位均沿跨度均分。
4、板上孔洞除图中标注外，其余孔洞平面位置和尺寸详详建施和设施图。
5、其余说明详详结施总说明。

XXX 市建筑设计研究院

审定		校对		工程名称		图纸	屋面结构平面布置图	图别	结施	阶段	
审核		设计负责人				名称		日期			
项目负责人		设计人		项目名称				图号	11	比例	1:100

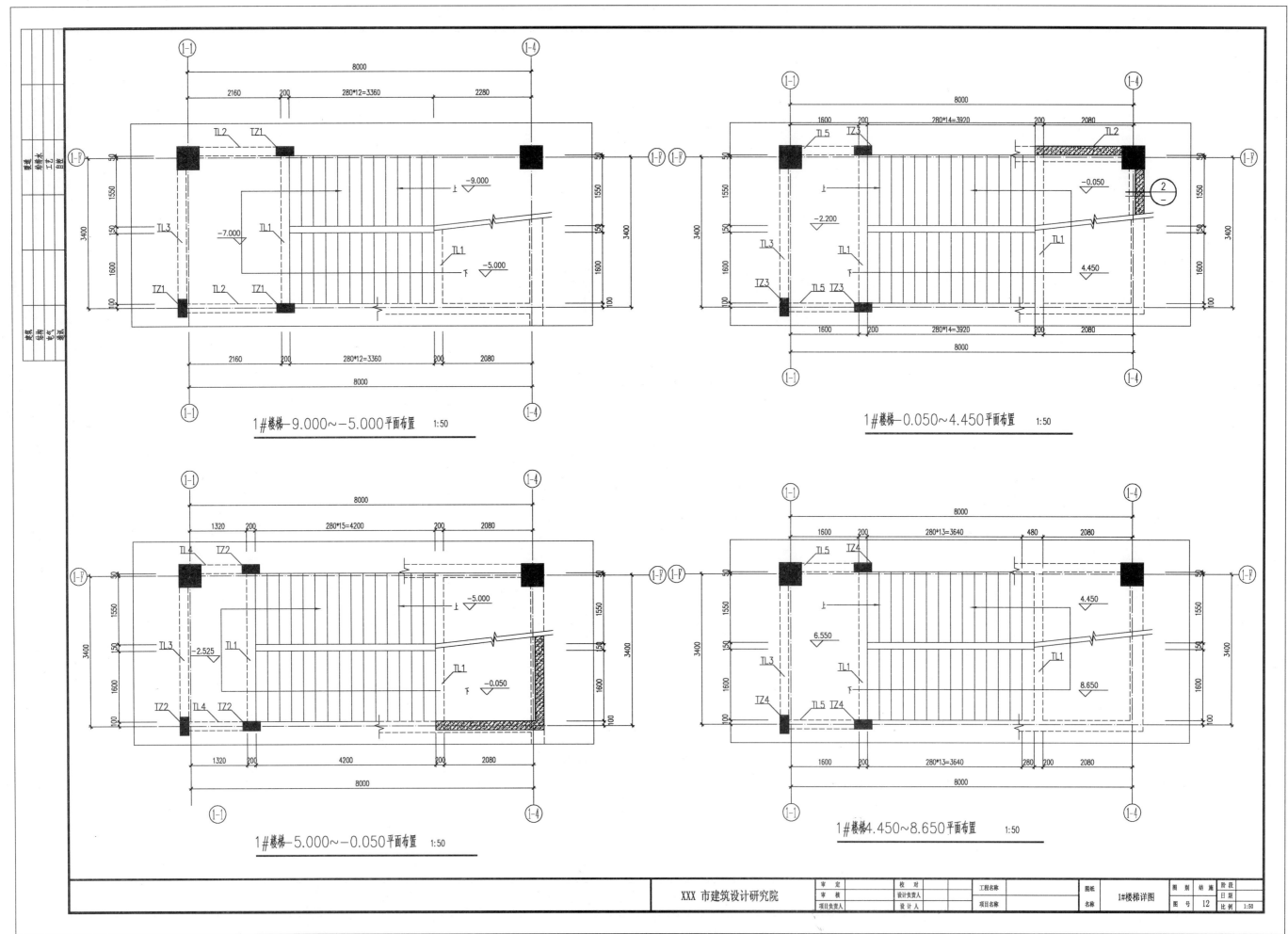

1#楼梯−9.000~−5.000平面布置　1:50

1#楼梯−0.050~4.450平面布置　1:50

1#楼梯−5.000~−0.050平面布置　1:50

1#楼梯4.450~8.650平面布置　1:50

XXX 市建筑设计研究院

审　定		校　对		工程名称		图纸		1#楼梯详图		图　别	结施	阶段	
审　核		设计负责人				名称				日　期			
项目负责人		设　计　人		项目名称						图　号	12	比　例	1:50

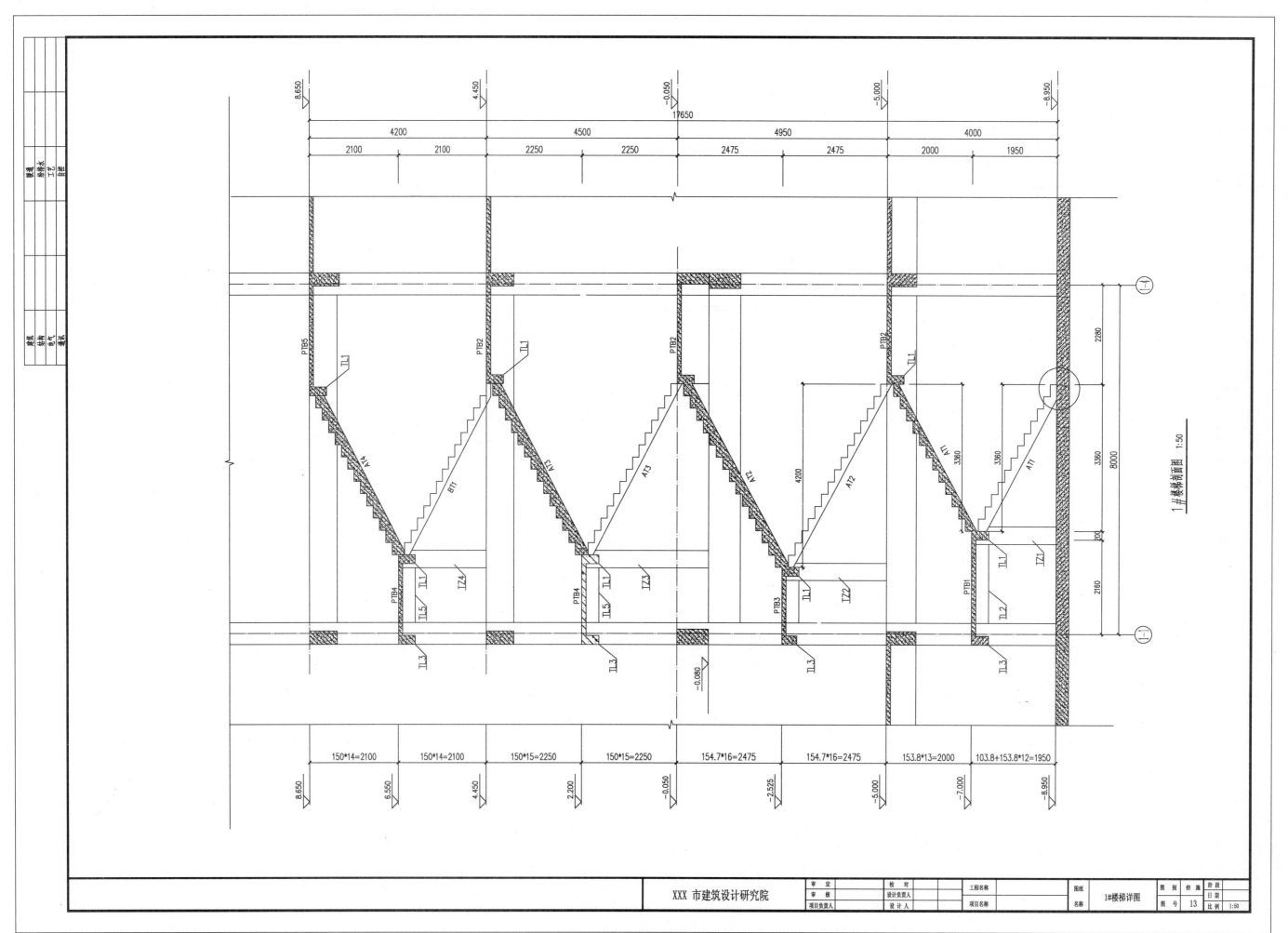

1#楼梯剖面图 1:50

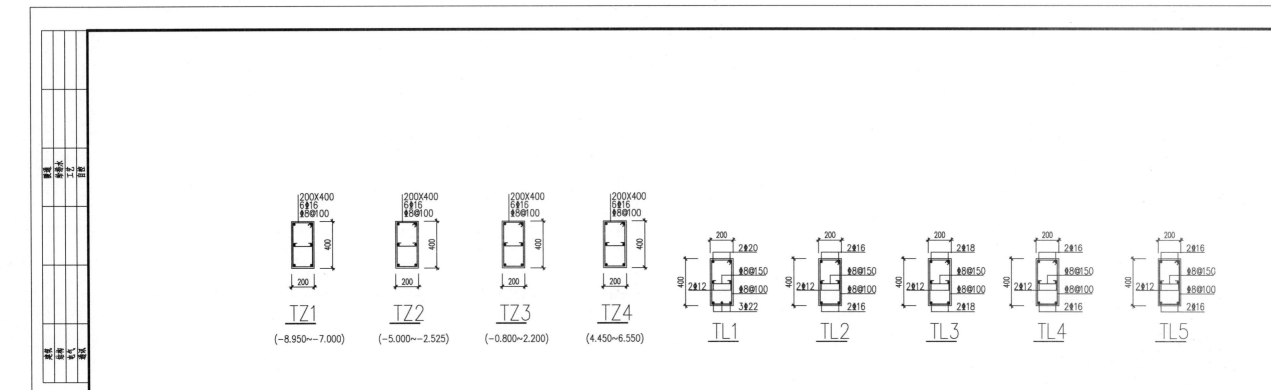

TZ1
(−8.950~−7.000)

TZ2
(−5.000~−2.525)

TZ3
(−0.800~2.200)

TZ4
(4.450~6.550)

TL1 TL2 TL3 TL4 TL5

梯板配筋:

AT1,跨度3360mm,h=150	AT2,跨度4200mm,h=180	AT3,跨度3920mm,h=170	BT1,跨度3920mm,h=170	AT4,跨度3640mm,h=160
踏步高度详建施	踏步高度详建施	踏步高度详建施	踏步高度详建施	踏步高度详建施
下排纵筋Φ12@100	下排纵筋Φ16@100	下排纵筋Φ14@100	下排纵筋Φ14@100	下排纵筋Φ14@150
下排纵筋Φ12@100	下排纵筋Φ16@100	下排纵筋Φ14@100	下排纵筋Φ14@100	下排纵筋Φ14@150
梯板分布筋Φ8@200	梯板分布筋Φ8@200	梯板分布筋Φ8@200	梯板分布筋Φ8@200	梯板分布筋Φ8@200

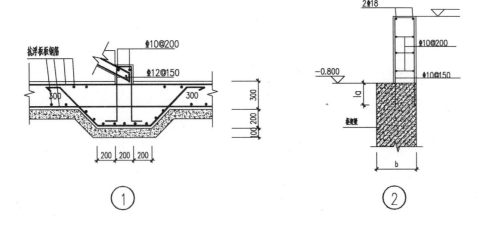

①   ②

附注:
1. 本图中梁、板均用C30混凝土现浇。
2. 图中未标注的平台板板厚100mm；钢筋为Φ8@200双层双向配置
3. 梯板上有栏杆及墙时，在梯板上下排各设置2Φ16通长钢筋。
4. 楼梯栏杆配合建施图设置预埋件。节点连接见11G101-2图集。
5. 图中已画出但未标识的板和梁参照各层平面图配筋。

XXX市建筑设计研究院

审 定		校 对		工程名称		图纸		1#楼梯详图	图 别	结施	阶段	
审 核		设计负责人				名称			图 号	14	日期	
项目负责人		设 计 人		项目名称					比例	1:20		

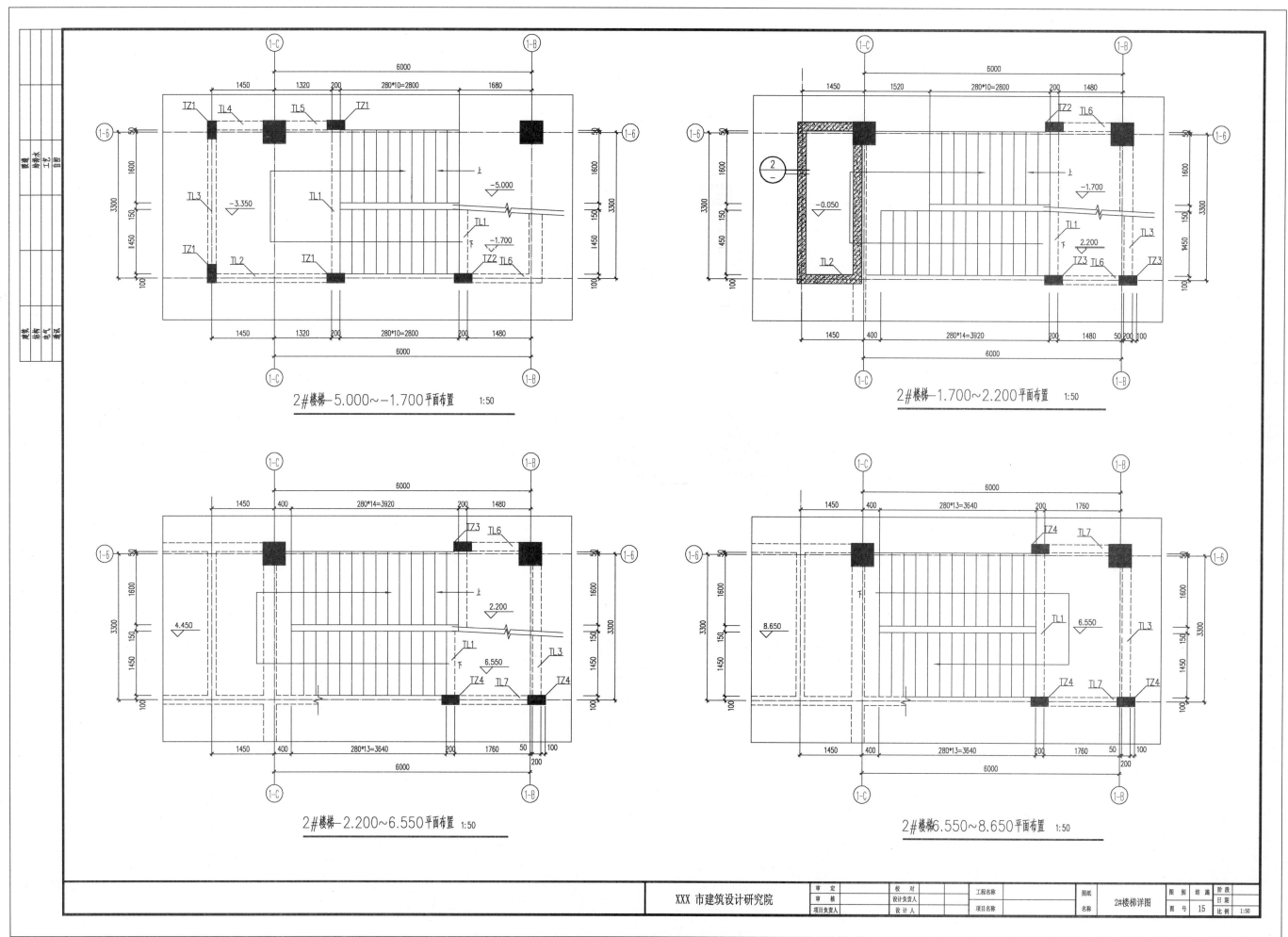

2#楼梯—5.000～—1.700平面布置 1:50

2#楼梯—1.700～2.200平面布置 1:50

2#楼梯—2.200～6.550平面布置 1:50

2#楼梯6.550～8.650平面布置 1:50

XXX 市建筑设计研究院	审 定		校 对		工程名称		图纸		2#楼梯详图	图 别	结 施	阶 段	
	审 核		设计负责人				名称			日 期		
	项目负责人		设 计 人		项目名称					图 号	15	比 例	1:50

43

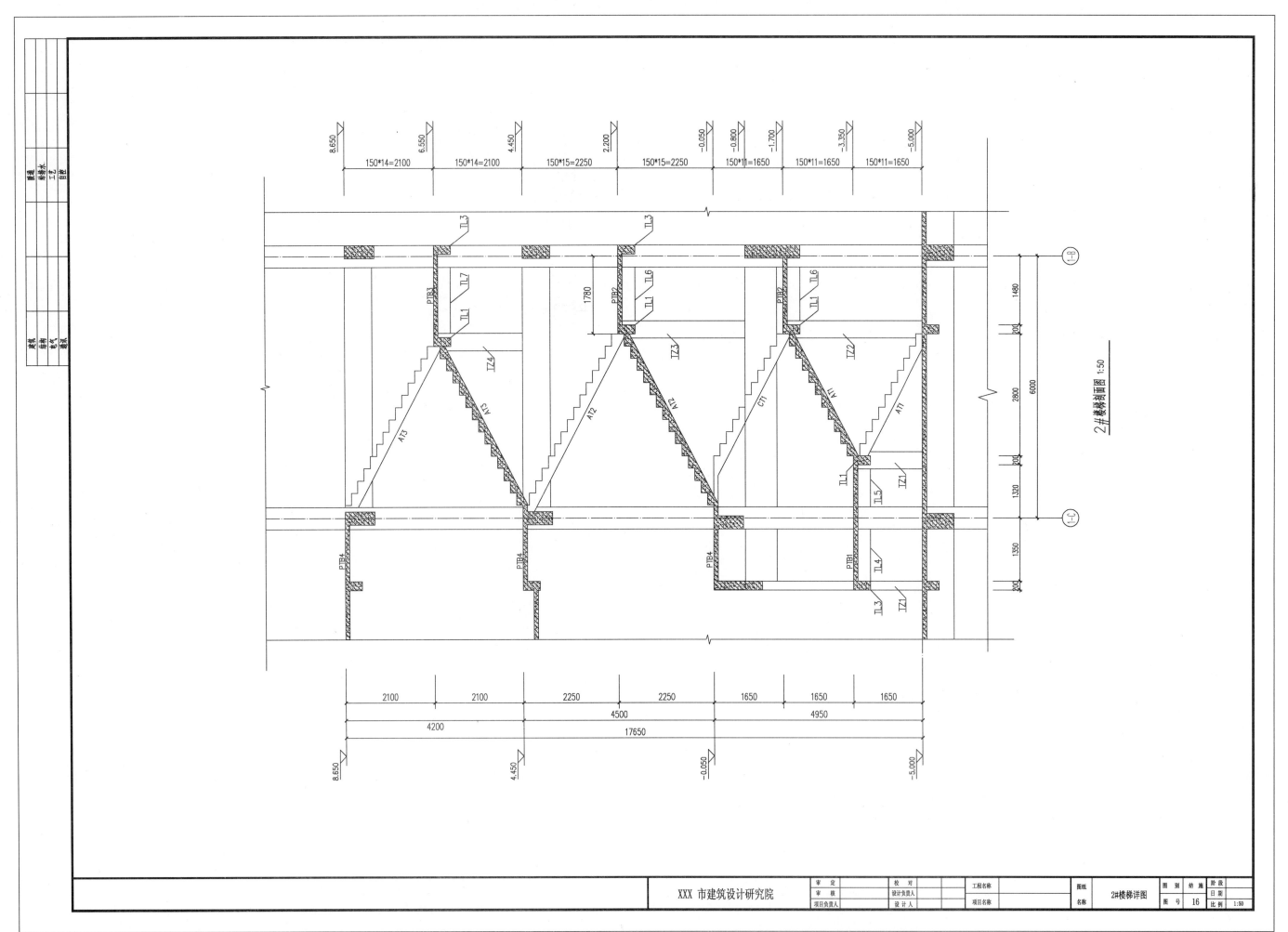

2#楼梯剖面图 1:50

XXX 市建筑设计研究院

审　定		校　对		工程名称		图纸	2#楼梯详图	图　别	结施	阶段	
审　核		设计负责人				名称		图　号	16	日期	
项目负责人		设计人		项目名称						比例	1:50

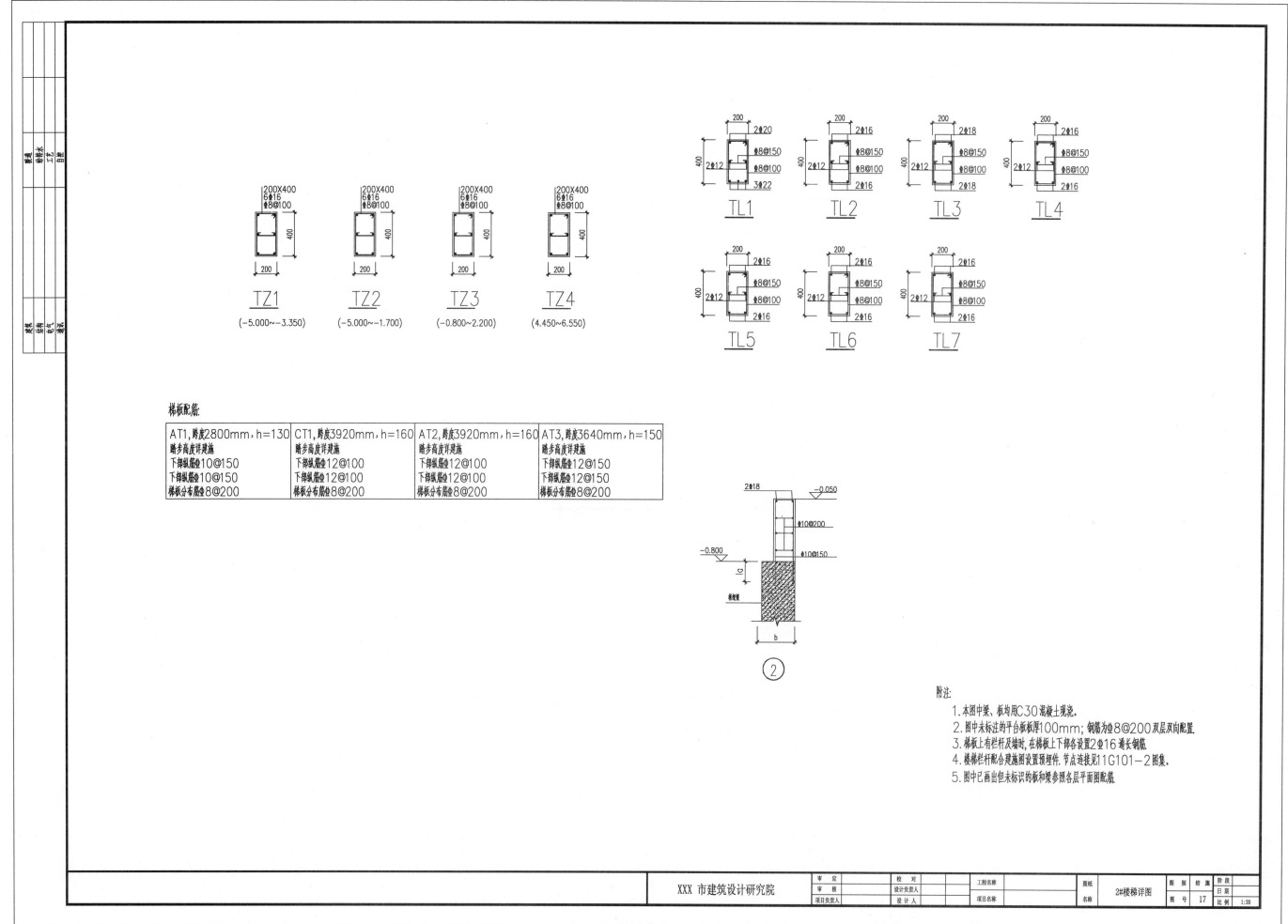

TZ1
(-5.000~-3.350)

TZ2
(-5.000~-1.700)

TZ3
(-0.800~2.200)

TZ4
(4.450~6.550)

TL1 TL2 TL3 TL4

TL5 TL6 TL7

梯板配筋:

AT1,跨度2800mm,h=130	CT1,跨度3920mm,h=160	AT2,跨度3920mm,h=160	AT3,跨度3640mm,h=150
踏步高度详建施	踏步高度详建施	踏步高度详建施	踏步高度详建施
下部纵筋Φ10@150	下部纵筋Φ12@100	下部纵筋Φ12@100	下部纵筋Φ12@150
下部纵筋Φ10@150	下部纵筋Φ12@100	下部纵筋Φ12@100	下部纵筋Φ12@150
梯板分布筋Φ8@200	梯板分布筋Φ8@200	梯板分布筋Φ8@200	梯板分布筋Φ8@200

附注:
1. 本图中梁、板均用C30混凝土现浇。
2. 图中未标注的平台板板厚100mm;钢筋为Φ8@200双层双向配置。
3. 梯板上有栏杆及墙时,在梯板上下部各设置2Φ16通长钢筋。
4. 楼梯栏杆配合建施图设置预埋件。节点连接见11G101-2图集。
5. 图中已画出但未标识的板和梁参照各层平面图配筋。

XXX市建筑设计研究院

审 定		校 对		工程名称		图纸 名称	2#楼梯详图	图 别	结施	阶段	
审 核		设计负责人						日期			
项目负责人		设计 人		项目名称				图 号	17	比例	1:20

现制图图纸目录

序号	图 纸 名 称	图号	规格	修改码	备注
1	图纸目录 设计说明	01	A2	A	
2	一层给排水平面	02	A2	00	
3	二层给排水平面	03	A2	00	
4	三层给排水平面	04	A2	00	

选 用 图 集 目 录

序号	图 集 名 称	图集代号	备注
1	管道支架及吊架	03S402	给水排水标准图集
2	园形排水检查井	02(03)S515	给水排水标准图集
3	建筑排水用硬聚氯乙烯(PVC-U)管道安装	96S341	给水排水标准图集
4	卫生设备安装	09S304	给水排水标准图集
5	防水套管	02S404	给水排水标准图集
6	常用小型仪表及特种阀门选用安装	01SS105	给水排水标准图集
7	排水设备附件构造及安装	92S220	给水排水标准图集
8	砖砌化粪池	02S701	给水排水标准图集
9	自动喷水与水喷雾灭火设施安装	04S206	给水排水标准图集
10	小型潜水排污泵选用及安装	08S305	给水排水标准图集
11	室内消火栓安装	04S202	给水排水标准图集

设 计 总 说 明

工程概况: 本项目位于四川省绵阳市高新区组团,东至永安路,北至绵兴西路,南至飞云大道,西至会展货运通道。繁绵翠溪河,拥有良好的自然环境资源。项目总占地面积,建筑面积73827m²,总建筑面积:24399.4m²。本建筑约91900m²。

一、设计依据:
1. 建筑给排水设计规范(GB50015-2003)2009年版。
2. 建筑设计防火规范(GB50016-2006)。
3. 建筑灭火器配置设计规范(GB50140-2005)。
4. 建筑专业和有关工种提供的作业图和有关资料。
5. 民用建筑节水设计标准(GB 50555-2010)。
6. 《工程建设标准强制性条文》(房屋建筑部分)。
7. 《城镇排水技术规范》GB50788-2012
8. 《自动喷水灭火系统设计规范》GB50084-2001(2005年版)

二、设计范围:
1. 本设计范围包括红线以内的给排水,消防等管道安装。卫生间根据甲方招商结果由商业主二装自行处理,本次设计仅作上下水预留以及同层排水的降板处理。

三、管道系统:
本工程设有生活给水系统、生活污水系统、(重力流雨水系统见建筑专业)。
1. 生活给水系统:
1) 市政供水压力:0.30Mpa。
2) 最高日25m³/d,平均时用水量:1.3 m³/h,最大时用水量3.9 m³/h。
3) 建筑给水直接由室内竖向下行上行方式供应。建筑引入管设置与管相相同的水表和阀门。
2. 生活污水系统:
1) 本工程污、废水采用合流制。室内 0.00以上污废水重力自流排入室外污水管,地下室污废水采用潜水排污泵提升排入室外污水管。
2) 污水经过室外管网检,排入市政污水管网。
3. 消防给水系统:
1) 本工程按照体积大于50000m²(商业建筑)的设置原则,室内设置室内消火栓系统。室内消防用水量15L/S,室外用水量20L/S,层顶设置十分钟消防水箱18m²(层顶水箱放在总平景观塔上面,高度为24米),火灾延续延时间为2小时。室内均布置消火栓采用室内单栓栓(带自喷栓)。保证参见规范图集04S202。栓体内配置:消火栓 SN65一个、QZ19 水枪一支,DN65 l=25m 衬胶水带一根,自救栓一个,保证室内消火栓任意高度能水柱达到室内的任何部位。因本建筑室内消火栓没有超过10个,室内管都采用枝状布置。
4. 移动式灭火器:
地面建筑按中危险级人类火灾保护距离20米。设置3Kg装手提式磷酸铵盐盐干粉灭火器,挂墙或放架放置。

二、施工说明:
(一)、管材:
1. 生活给水和生活热水管和消防管道(消火栓及喷淋)
1) 采用给水用H-SP内外涂塑复合钢管,管径 DN小于、等于80者,采用丝接,DN大于等于100者,采用法兰连接。
2. 排水管道:
1) 本工程所有污水管、雨水管均采用UPVC塑水管,承插粘接。
2) 污水横管与横管的连接,不得采用正三通和正四通。污水立管偏置时,应采用乙字管或2个45°弯头。污水立管与横管及排出管连接时采用2个45°弯头或出户大、小管管。且立管底部弯管处应设支架。
3) 污水支管敷设坡度为0.026,干管平铺。通气管以0.01的上升坡度坡向通气立管。
4) 当病道内为水存水的卫生器具与生活污水管道或其他可能产生有害气体的排水管道连接时,必须在排水口以下设存水弯。存水弯的水封深度不得小于50mm。严禁采用活动机械密封替代水封。严禁采用钟罩(和碗)式地漏。
(二)、阀门及附件:
1. 阀门:
1) 生活给水管、热水管上采用全不锈钢阀阀管材DN≤50采用J11T-10T,DN50采用闸阀D41T-20T,工作压力为1.0Mpa。
2) 消防给水管:消防水泵吸上采用闸阀Z44T-1.0。
3) 自动排气阀为 ARSX-0025,排气阀下设 DN25截止阀1个。
4) 液压水位控制阀为100X-1.0。
2. 卫生器具:
本工程所用卫生器具均采用陶瓷制品,型号由业主和接修设计确定,卫生器具应选用节水型,并符合《节水型生活用水器具》(GJ164-2002)要求。定货之前应复核其搁口尺寸是否与预留孔洞相称。
3. 附件:
1) 所有卫生器具下均设存水弯,地漏方直通地漏下设存水弯。自带存水弯的卫生器具下端接管管件不得重复设置存水弯。
2) 所有存有水封、地漏水封高度不小于50mm。大便器等采用自带存水弯的大便器。
3) 全部给水配件均采用节水型水嘴产品,不得采用淘汰产品。
(三)管道吊架及穿层面做法:
1. 给水、排水、消火栓管道均应按《建筑给水排水及采暖工程施工质量验收规范》GB50242-2002之规定设置支吊架。
2. 喷淋管应按《自动喷水灭火系统施工及验收规范》GB50261-96(2003年版)之规定设置支吊架。
3. 管道穿楼板见08ZS01-223(I)型,穿屋面做法08ZS01-225(I)。

图 例

序号	名称	图例	序号	名称	图例
1	给水管		11	自动排气阀	
2	污水管		12	遥控信号阀	
3	雨水管		13	水流指示器	
4	消防管		14	水 表	
5	喷淋管	ZP	15	阀 门	
6	给水立管		16	灭火器	
7	污水立管	WL-xx	17	洗脸盆	
8	消防立管	XL-xx	18	蹲便器	
9	喷淋立管	ZP-xx	19	小便器	
10	消火栓		20	拖布池	

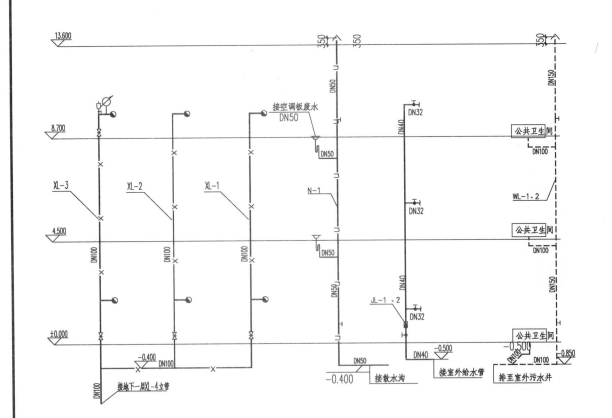

接空调板废水 DN50
公共卫生间
XL-3 XL-2 XL-1
N-1
WL-1·2
JL-1·2
接下一层XL-4立管
接散水沟
接室外给水管
排至室外污水井

XXX 市建筑设计研究院	审 定		校 对		工程名称		图别	水施	阶段	
	审 核		设计负责人				图名 图纸目录 设计说明	日期		
	项目负责人		设 计 人		项目名称			图号 01	比例 1:100	

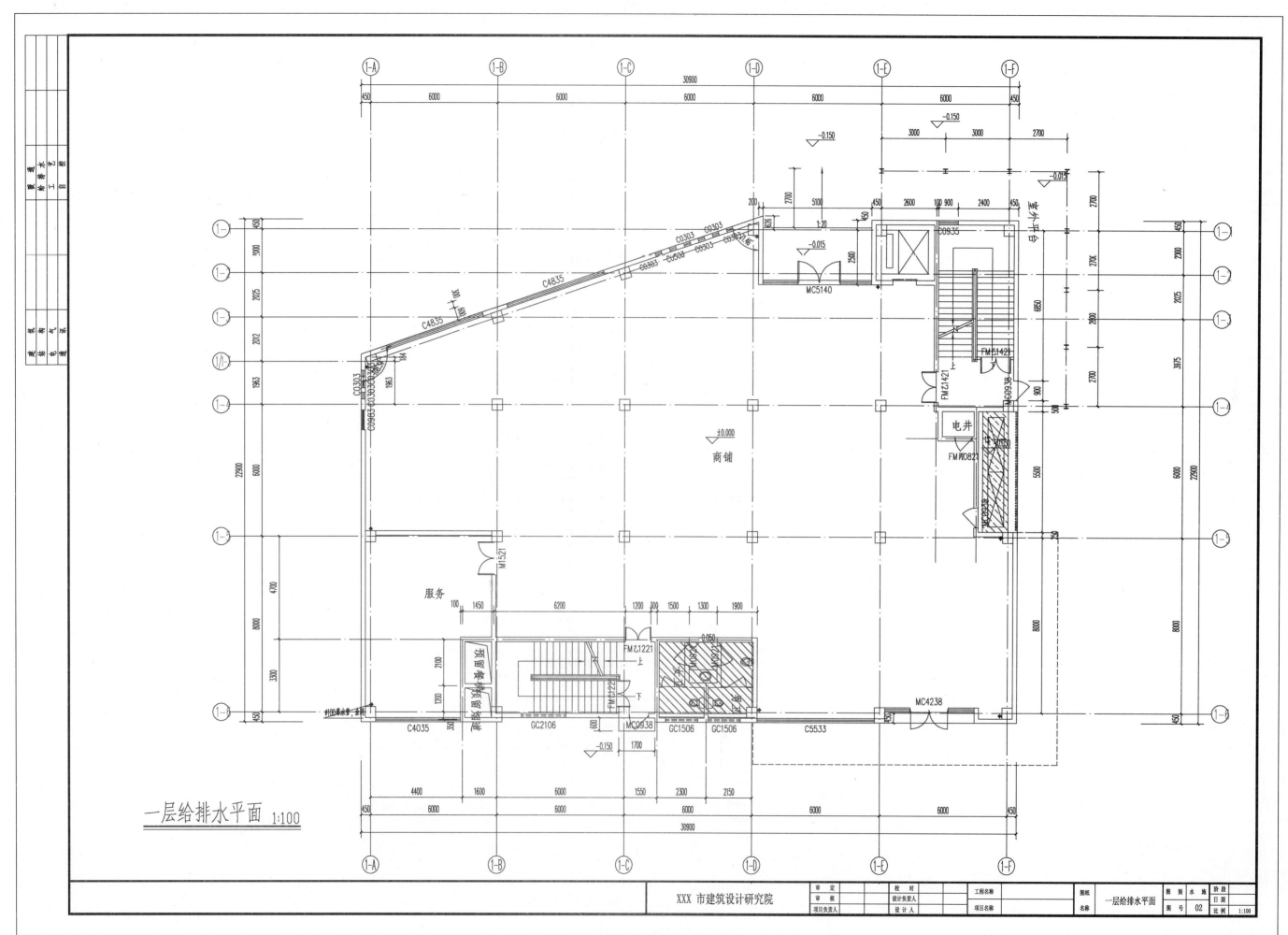

一层给排水平面 1:100

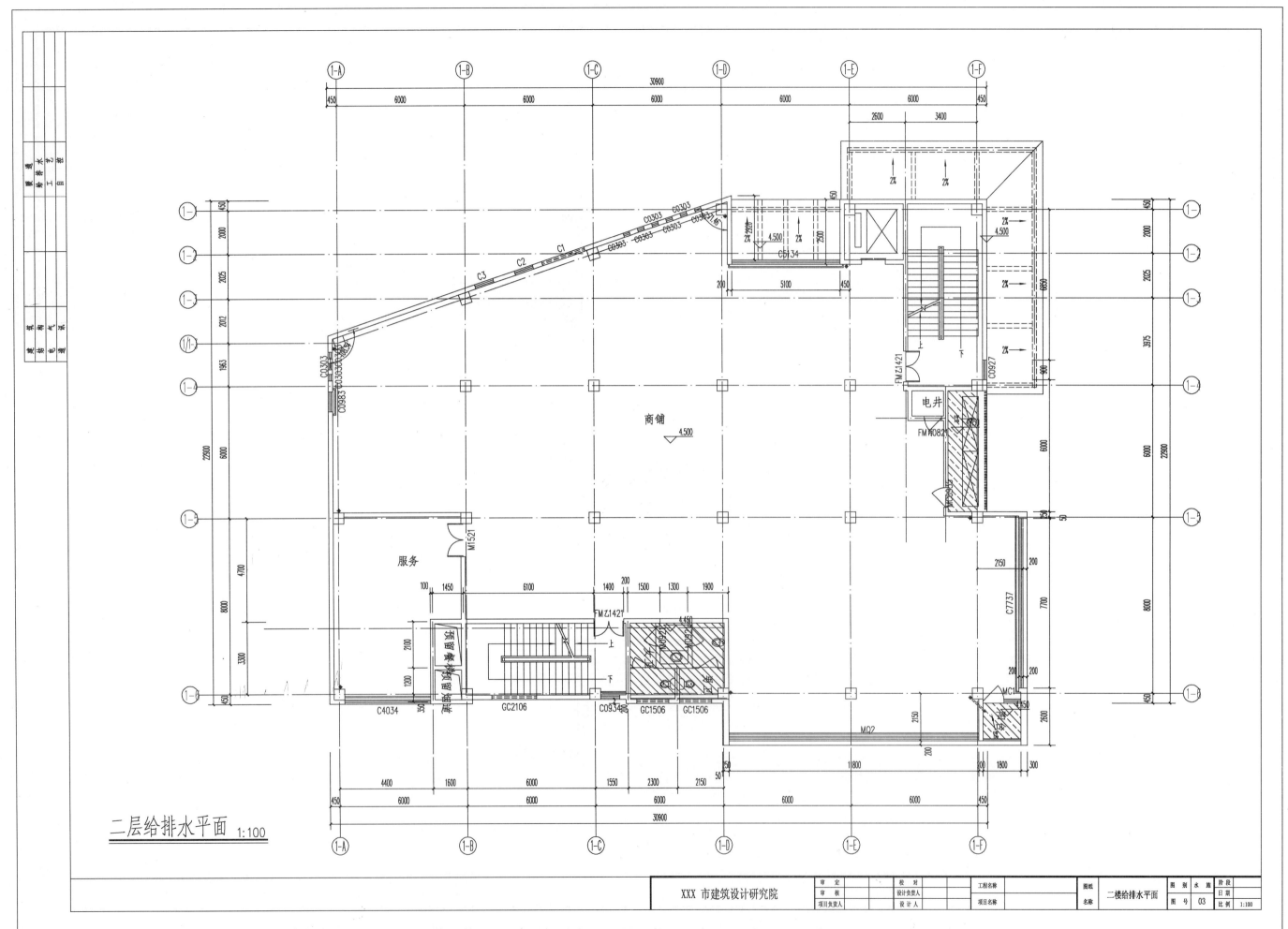

二层给排水平面 1:100

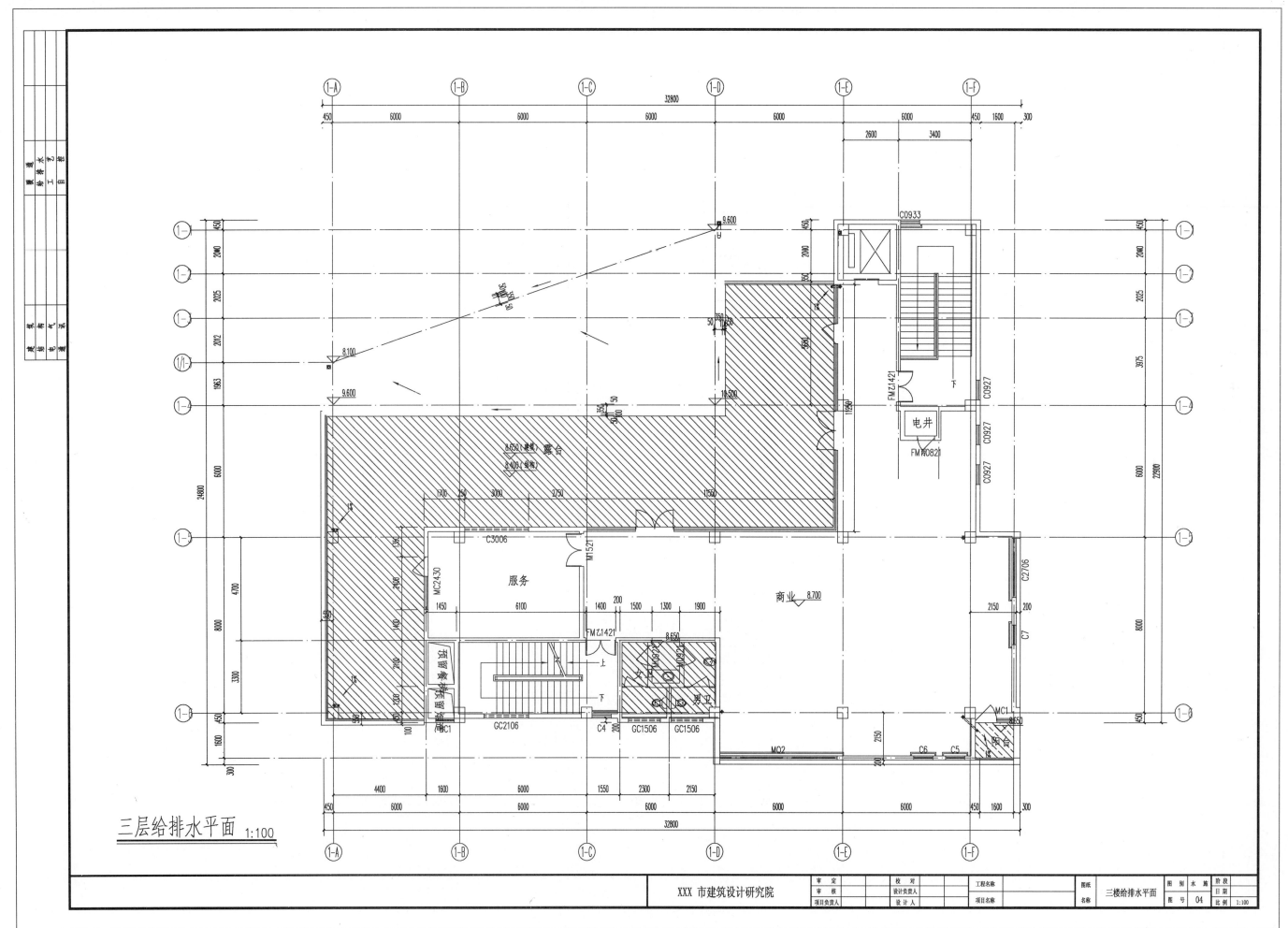

三层给排水平面 1:100

现 制 图 图 纸 目 录

序号	图 纸 名 称	图 号	规 格	版本号/修改码	备 注
1	强电图纸目录	01	A2	A	
2	电气施工设计说明, 主要设备表	02	A2	00	
3	配电系统图	03	A2	00	
4	配电系统图	04	A2	00	
5	一层电气平面图	05	A2	00	
6	二层电气平面图	06	A2	00	
7	三层电气平面图	07	A2	00	
8	防雷平面图	08	A2	00	

选 用 图 集 目 录

序号	图 集 名 称	图 集 代 号	备 注
1	接地装置安装	03D501-4	国标图集
2	利用建筑物金属体做防雷及接地装置安装	03D501-3	国标图集
3	等电位联结安装	02D501-2	国标图集
4	建筑物防雷设施安装	03D501-1	国标图集
5	常用灯具安装	96D702-2	国标图集
6	常用低压配电设备安装	04D702-1	国标图集
7	建筑电气工程设计常用图形和文字符号	09DX001	国标图集
8	钢导管配线安装	03D301-3	国标图集

XXX 市建筑设计研究院

审 定		校 对		工程名称		图纸	强电图纸目录	图 别	电 施	阶段	
审 核		设计负责人						日 期		
项目负责人		设 计 人		项目名称		名称		图 号	01	比例	1:100

电气施工设计说明

一. 设计依据:

1. 绵阳科展馆二期草溪河综合整治工程概况:

本项目位于四川省绵阳市高新区组团,东至永安路,北至绵兴西路,南至飞云大道,西至会展货运通道.紧邻草溪河,拥有良好的自然环境资源.项目总占地面积:73827 ㎡,总建筑面积:24399.4 ㎡.

本项目分A、B、C、D四个地块.本子项为A地块1号楼,建筑面积1991.98 ㎡.

2. 相关专业提供的工程设计资料;

3. 建设单位提供的设计任务书及要求;

4. 中华人民共和国现行主要标准及法规:

《民用建筑电气设计规范》 JGJ 16-2008
《建筑物防雷设计规范》 GB50057-2010
《低压配电设计规范》 GB50054-2011
《建筑物电子信息系统防雷技术规范》 GB50343-2012
《电力工程电缆设计规范》 GB50217-2007
《建筑照明设计标准》 GB50034-2004
《电气火灾监控系统设计、施工及验收规范》 DB51/T 1418-2012
其它有关国家及地方的现行规程、规范及标准.

二. 设计范围:

本子项工程设计包括220/380V配电系统、照明、空调,防雷接地及安全保护等内容.

三. 220/380V配电系统:

1. 本子项工程属多层商业建筑,室外消防用水量为20L/s.所有负荷均为三级负荷.

2. 本子项工程的引入四路电源,均由配电房引来(入户处穿钢管).

3. 本子项工程商业用电,总箱处设总计量.

4. 本子项工程商业用电按160W/平米设计.本次设计按清水房设计,仅留电源测试灯位及插座,二装设计负荷不得大于本预留负荷.

5. 应急照明采用集中应急蓄电池柜,蓄电池按90min配置,灯具连续供电时间应大于30min.

四. 导线型号及敷设方式:

1. 本工程均选用铜芯缆线.引入电源干线线路采用YJV-0.6/1kV型交联电缆.户内线路BV-450/750V型铜芯线(应急照明采用NH-BV-450/750V型铜芯线).

2. 室内照明及插座支线穿重型阻燃PVC管管径:

2.5mm2铜芯线,3根及以下穿PC20;4～7根穿PC25;4mm2铜芯线,3根穿PC25.

五. 防雷,接地及保护:

1. 本子项采用TN-S系统配电.

2. 本子项工程(人员密集的公共建筑物)年雷击次数为详建筑的防雷接地说明,按三类防雷设计.

3. 本工程防雷接地、保护接地及重复接地和总等电位联结及各弱电系统接地共用统一的接地装置.本栋楼位于地下室上方,本栋楼的接地网做法详地下室接地平面图.

4. 在配电末端即各户箱处,插座支路均用漏电断路器保护.

5. PE线在插座间不应串联连接.

6. 凡正常不带电,而当绝缘破坏有可能呈现电压的一切电气设备金属外壳均应可靠接地.

7. 本子项工程采用总等电位联结,总等电位板由紫铜板制成,应将建筑物内的保护干线及各设备进线总管等进行联结.总等电位联结线采用BV-1x25mm P32.总等电位联结均采用等电位卡子,禁止在金属管道上焊接.

9. 在配电箱设电涌保护器(SPD)做过电压保护.

六. 设备安装高度:

1. 各配电箱安装方式详平面图及配电系统图.落地式配电箱(此箱高度不大于1500mm)下设200mm基础.各户箱及进线隔离箱箱底距地1.6m,均嵌墙暗设.

2. 室内跷板开关距地1.3米,均暗设.各插座均选用安全型,其安装高度详平面图,均暗设.

3. 灯具选型由建设方负责(均采用节能灯具及光源).所有的灯具均配PE线保护(I类灯具).其安装方式及高度详平面图荧光灯单灯就地补偿,补偿后功率因数达到0.9或带电子镇流器.

七. 其它:

1. 施工时应与土建、结构、给排水、弱电专业密切配合,充分做好线路、设备的定位和预留、预埋工作.若有问题,请及时通知设计院,共同协商解决.

2. 配电箱嵌墙尺寸由配电箱生产厂家提供(需根据现场留洞尺寸确定)并与土建专业配合.

3. 施工严格按照《建筑电气工程施工质量验收规范》执行.

4. 本工程所选设备,材料必须具有国家级检测中心的检测合格证书(3C认证);必须满足与产品相关的国家标准.供电产品、消防产品应具有入网许可证.

5. 照度及功率密度要求:所有场所均应按现行国家标准《建筑照明设计标准》GB50034-2004的要求执行.

商业用房　　300lx　照明功率密度值12W/m2

楼梯间　　　75lx　 照明功率密度值6W/m2

6. 应急照明线路暗敷设并敷设在不燃烧体结构内且保护层厚度不应小于30mm,在桥架中加设防火隔板,将消防回路与非消防回路分隔开.

7. 弱电插座与电气插座之间的安装距离不小于300mm.电气设备和管道与燃气设备和管道间,净距不小于300mm.

9. 应急照明及疏散指示灯具均带玻璃罩.

10. 本子项工程所用钢管及重型阻燃PVC管管壁厚度不小于2mm.若需在吊顶内明敷设则必须采用钢管.

主 要 设 备 表

序号	名称	型号 规格	单位	数量	备注
1	照明配电箱		套	3	
2	应急照明箱		套	1	
3	动力配电箱		套	5	
4	单联开关		个	3	
5	测试灯位		个	3	
6	五孔安全插座	250V 10A	个	3	
7	应急灯	11W 带不燃玻璃灯罩			
8	应急灯	11W 带不燃玻璃灯罩	套	35	
9	疏散指示灯	3W LED灯 带不燃玻璃灯罩	个	13	
10	安全出口灯	3W LED灯 带不燃玻璃灯罩	个	10	
11					
12					
13					
14					
15					
16					
17					
18					
19					
20					
21					
22					

本表格仅供参考,具体数量以实际为准

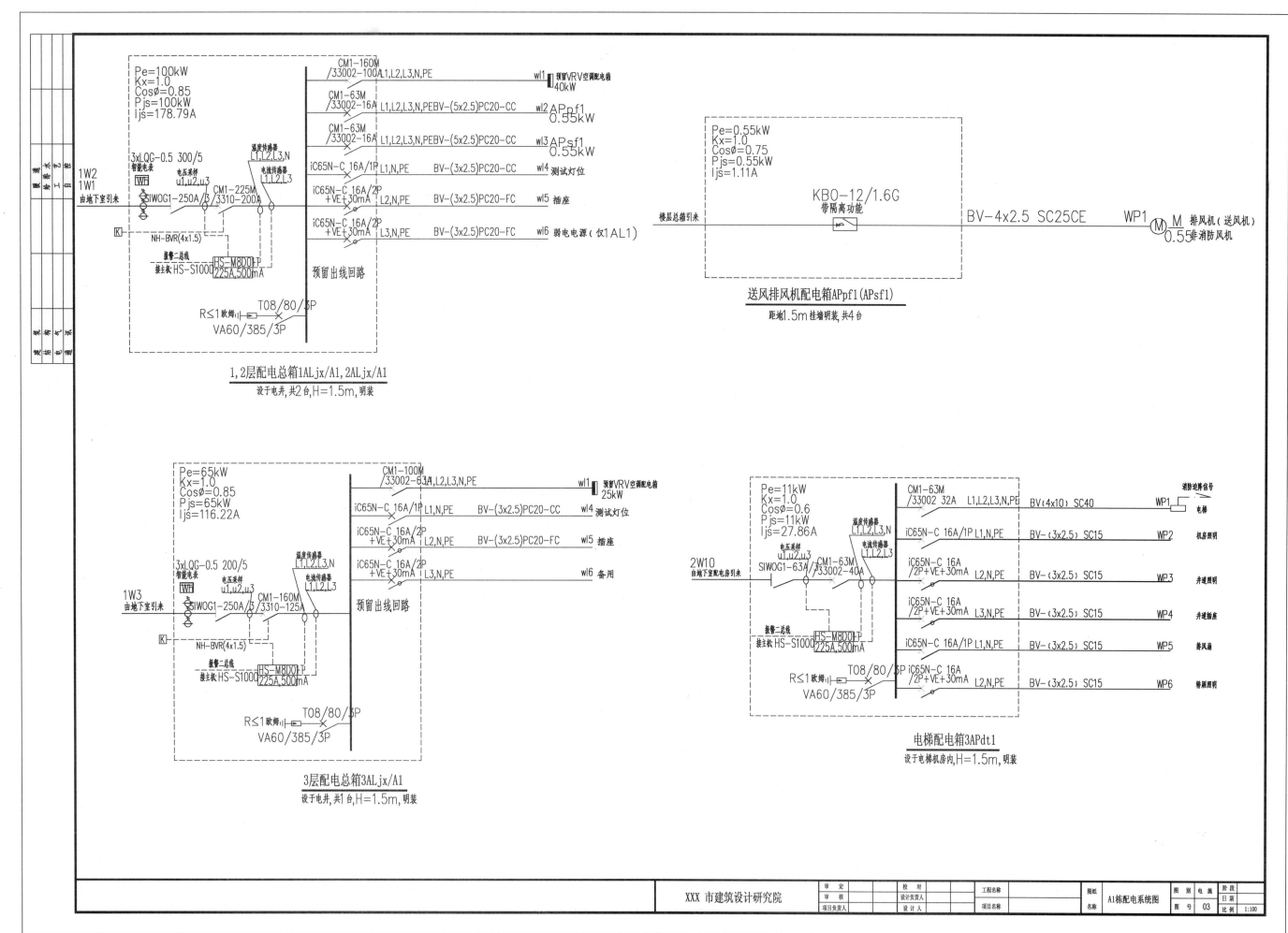

1,2层配电总箱1ALjx/A1,2ALjx/A1
设于电井,共2台,H=1.5m,明装

送风排风机配电箱APpf1(APsf1)
距地1.5m挂墙明装,共4台

3层配电总箱3ALjx/A1
设于电井,共1台,H=1.5m,明装

电梯配电箱3APdt1
设于电梯机房内,H=1.5m,明装

	XXX 市建筑设计研究院	审 定		校 对		工程名称		图纸	A1栋配电系统图	图 别	电施	阶段	
		审 核		设计负责人				名称		图 号	03	日期	
		项目负责人		设 计 人		项目名称						比例	1:100

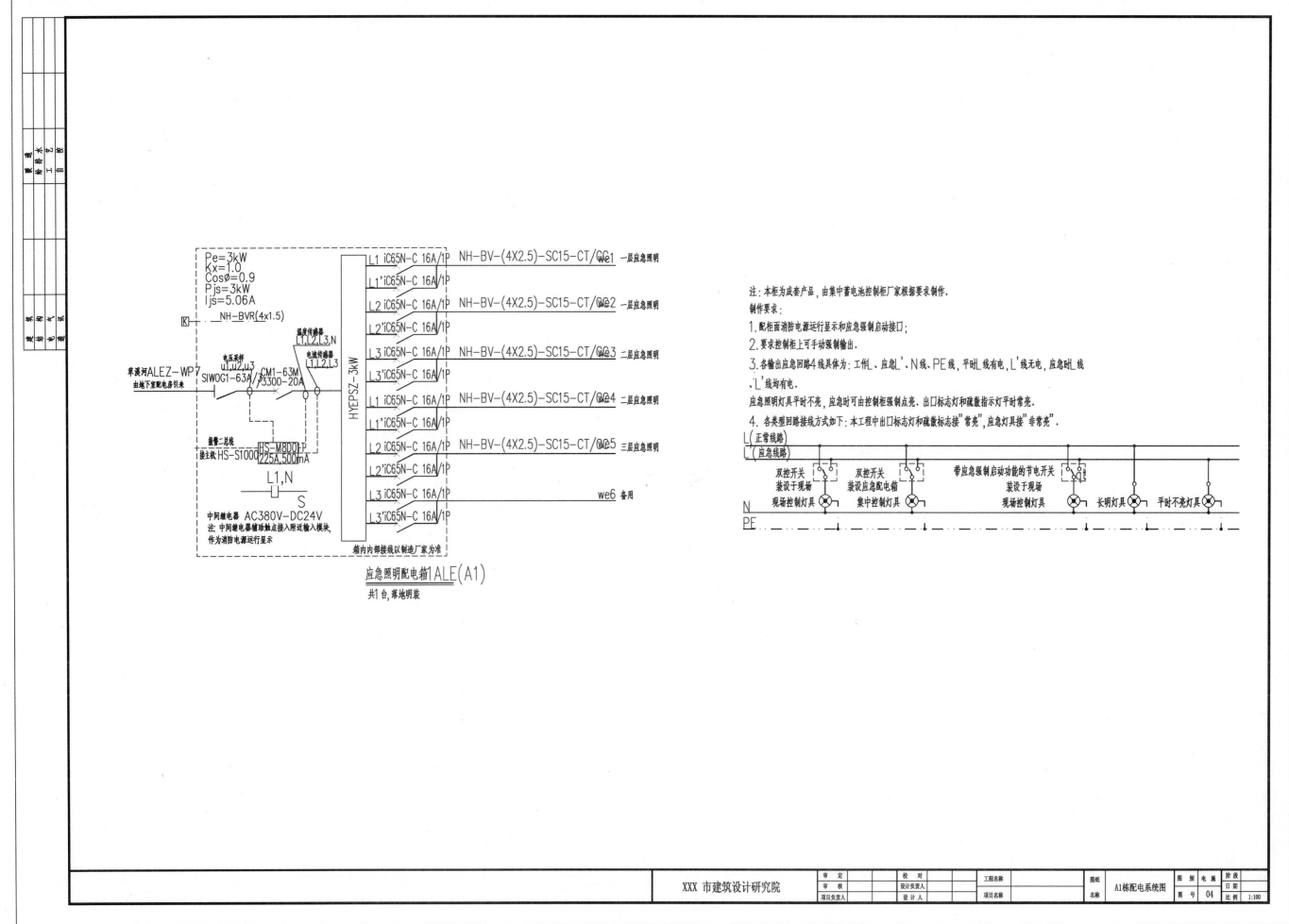

应急照明配电箱1ALE(A1)
共1台,落地明装

注:本柜为成套产品,由集中蓄电池控制柜厂家根据要求制作.

制作要求:

1. 配柜面消防电源运行显示和应急强制启动接口;

2. 要求控制柜上可手动强制输出;

3. 各输出应急回路4线体为:工作L、应急L'、N线、PE线,平时L线有电,L'线无电,应急时L线、L'线均有电.

应急照明灯具平时不亮,应急时可由控制柜强制点亮.出口标志灯和疏散指示灯平时常亮.

4. 各类型回路接线方式如下:本工程中出口标志灯和疏散标志接"常亮",应急灯具接"非常亮".

A1栋配电系统图
图号 04
比例 1:100

XXX 市建筑设计研究院

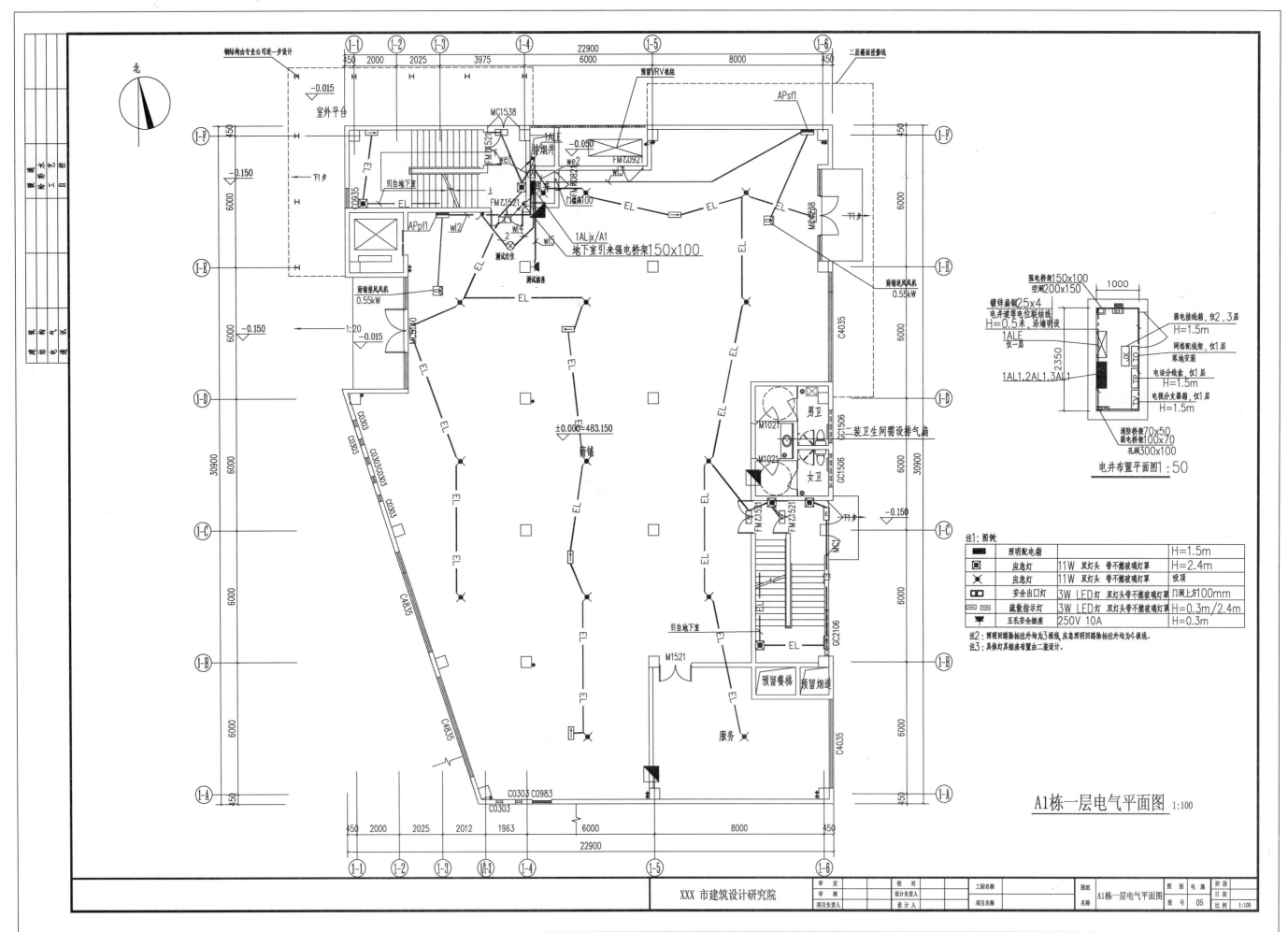

A1栋一层电气平面图 1:100

电井布置平面图1:50

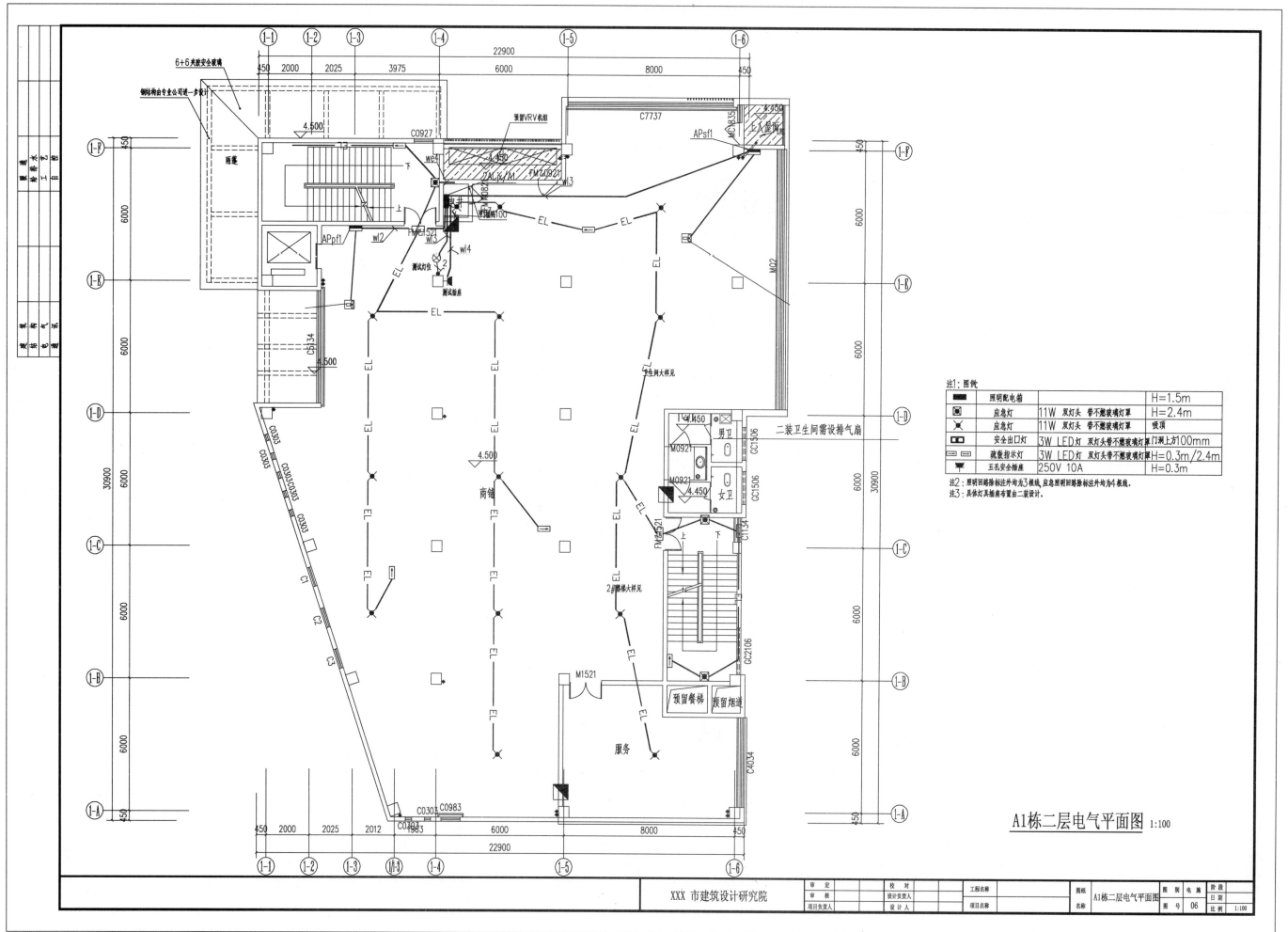

A1栋二层电气平面图 1:100

注1：图例

	照明配电箱		H=1.5m
	应急灯	11W 双灯头 带不燃玻璃灯罩	H=2.4m
	应急灯	11W 双灯头 带不燃玻璃灯罩	吸顶
	安全出口灯	3W LED灯 双灯头带不燃玻璃灯罩 门洞上方100mm
	疏散指示灯	3W LED灯 双灯头带不燃玻璃灯罩 H=0.3m/2.4m
	五孔安全插座	250V 10A	H=0.3m

注2：照明回路接标注外均为3根线 应急照明回路接标注外均为4根线.

注3：具体灯具插座布置由二装设计.

二装卫生间需设排气扇

XXX市建筑设计研究院

审定		校对		工程名称		图纸	A1栋二层电气平面图	图别	电施	阶段	
审核		设计负责人				名称		图号	06	日期	
项目负责人		设计人		项目名称						比例	1:100

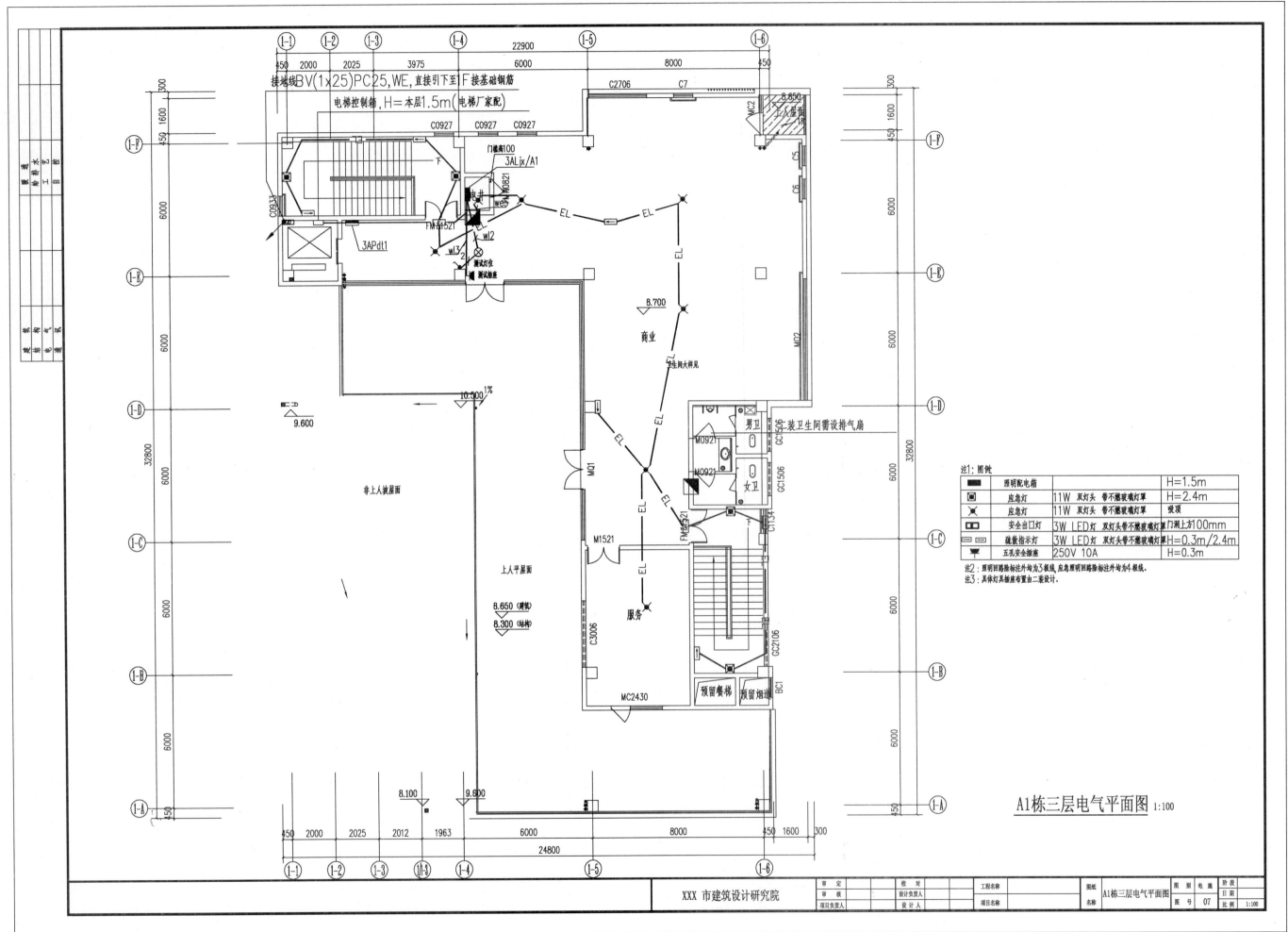

接地线BV(1×25)PC25,WE,直接引下至1F接基础钢筋

电梯控制箱, H=本层1.5m(电梯厂家配)

3ALjx/A1

3APdt1

门槛高100

商业

8.700

10.500 1%

9.600

非上人坡屋面

男卫

女卫

明装卫生间需设排气扇

上人平屋面

8.650(建筑)
8.300(结构)

服务

8.100

9.600

22900

24800

32800

注1：图例

	照明配电箱		H=1.5m
	应急灯	11W 双灯头 带不燃玻璃灯罩	H=2.4m
	应急灯	11W 双灯头 带不燃玻璃灯罩	吸顶
	安全出口灯	3W LED灯 双灯头不燃玻璃灯罩 门洞上方100mm	
	疏散指示灯	3W LED灯 双灯头带不燃玻璃灯罩	H=0.3m/2.4m
	五孔安全插座	250V 10A	H=0.3m

注2：照明回路除标注升均为3根线 应急照明回路除标注升均加为4根线.

注3：具体灯具插座布置由二装设计.

A1栋三层电气平面图 1:100

XXX市建筑设计研究院

审 定		校 对		工程名称		图纸		A1栋三层电气平面图	图 别	电施	阶 段	
审 核		设计负责人							图 号	07	日 期	
项目负责人		设 计 人		项目名称		名称			比 例	1:100		

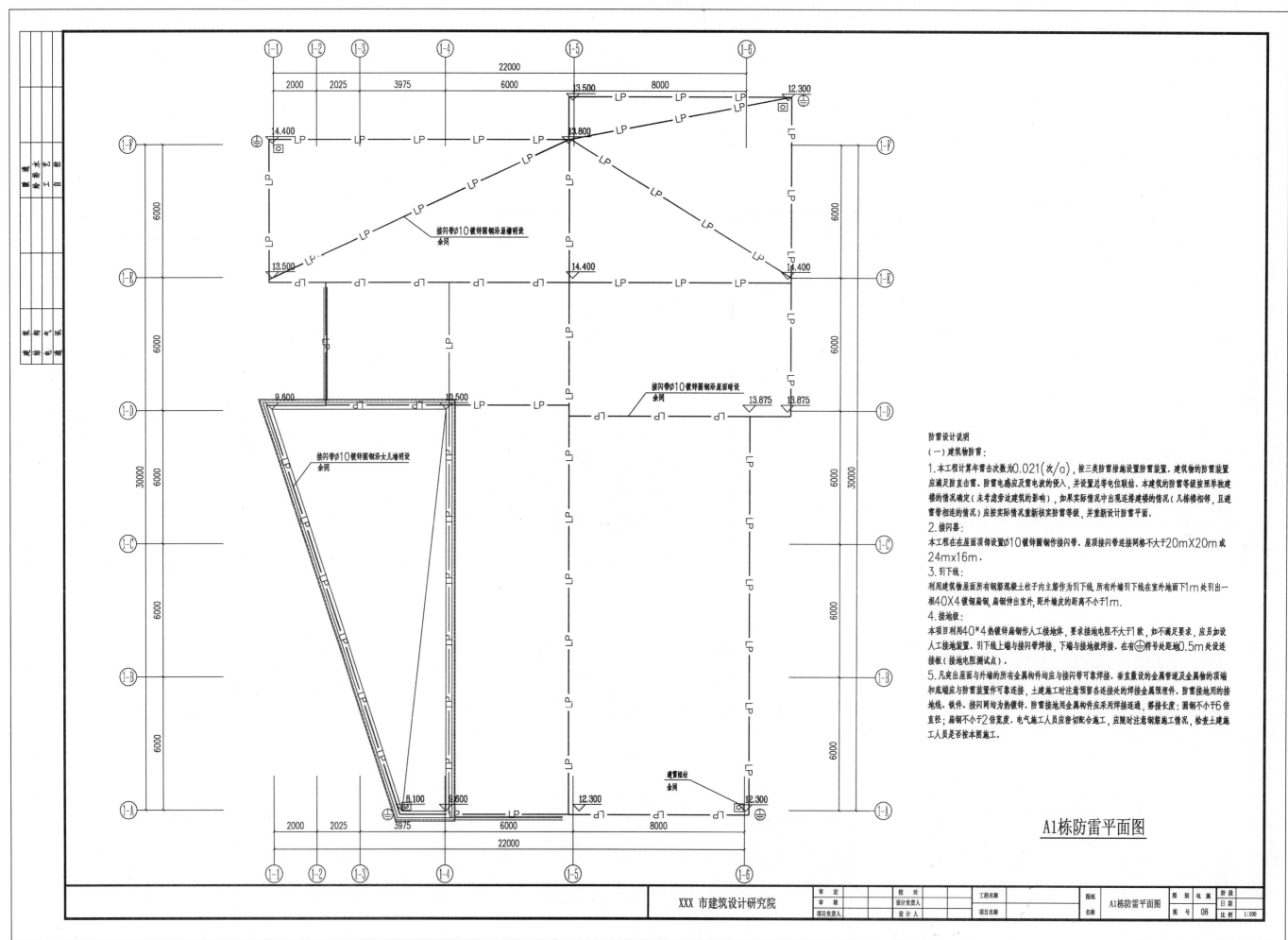

防雷设计说明

（一）建筑物防雷：

1. 本工程计算年雷击次数为0.021(次/a)，按三类防雷措施设置防雷装置。建筑物的防雷装置应满足防直击雷、防雷电感应及雷电波的侵入，并设置总等电位联结。本建筑的防雷等级按照单独建楼的情况确定（未考虑旁边建筑的影响），如果实际情况中出现连排建楼的情况（几栋楼相邻，且避雷带相连的情况）应按实际情况重新核实防雷等级，并重新设计防雷平面。

2. 接闪器：
本工程在在屋面顶部设置∅10镀锌圆钢作接闪带，屋顶接闪带连接网格不大于20mX20m或24mx16m。

3. 引下线：
利用建筑物屋顶所有钢筋混凝土柱子内主筋作为引下线，所有外墙引下线在室外地面下1m处引出一根40X4镀铜扁钢，扁钢伸出室外，距外墙皮的距离不小于1m。

4. 接地板：
本项目利用40*4热镀锌扁钢作人工接地体，要求接地电阻不大于1欧，如不满足要求，应另加设人工接地装置。引下线上端与接闪带焊接，下端与接地板焊接。在有⏚符号处距地0.5m处设连接板（接地电阻测试点）。

5. 凡突出屋面与外墙的所有金属构件均应与接闪带可靠焊接。垂直敷设的金属管道及金属物的顶端和底端均应与防雷装置作可靠连接，土建施工时注意预留各连接处的焊接金属预埋件。防雷接地用的接地线、铁件、接闪网均为热镀锌。防雷接地用金属构件应采用焊接连通，搭接长度：圆钢不小于6倍直径；扁钢不小于2倍宽度。电气施工人员应密切配合施工，应随时注意钢筋施工情况，检查土建施工人员是否按本图施工。

接闪带∅10镀锌圆钢沿屋檐明设
余同

接闪带∅10镀锌圆钢沿屋面暗设
余同

接闪带∅10镀锌圆钢沿女儿墙明设
余同

避雷短针
余同

A1栋防雷平面图

XXX 市建筑设计研究院

审 定		校 对		工程名称		图纸	A1栋防雷平面图	图 别	电施	阶段	
审 核		设计负责人				名称		图 号	08	日期	
项目负责人		设 计 人		项目名称						比例	1:100

图纸目录

序号	图 纸 名 称	图 号	规 格	版本号	修改码	备 注
1	图纸目录	01	A2	A		2014-04-15
2	设计及施工说明、主要设备材料表	02	A2		00	2014-04-15
3	A1号楼一层通风平面图	03	A2		00	2014-04-15
4	A1号楼二层通风平面	04	A2		00	2014-04-15
5	A1号楼三层通风平面	05	A2		00	2014-04-15

选用图集目录

序号	图 集 名 称	图 号	备 注
1	金属、非金属风管支吊架	08K132	暖通国标图
2	通风机安装（2012年合定本）	12K101-1~4	暖通国标图
3	风口选用与安装	10K121	暖通国标图
4	管道穿墙屋面防水套管	01R409	国标图集
5	卫生间通风器安装	94K302	国标图集

XXX 市建筑设计研究院

审 定		校 对		工程名称		图纸	图纸目录
审 核		设计负责人				名称	
项目负责人		设 计 人		项目名称		图 号	01	比例	1:100

设计及施工说明

设计说明

一、工程概况：
本项目位于四川省绵阳市高新区组团，东至永安路，北至绵兴西路，南至飞云大道，西至会展货运通道。紧邻草溪河，拥有良好的自然环境资源。项目总占地面积：73827m2，总建筑面积：74399.4m2

本项目分A、B、C、D四个地块。本子项为A地块1号楼，建筑面积1991.98m2。

二、设计依据
1、建筑设计防火规范GB50016-2006；
2、《商业建筑设计规范》(JGJ48-88)；
3、《商场(店)、书店卫生标准》(GB9670-1996)；
4、民用建筑供暖通风与空气调节设计规范GB50736-2012；
5、绵阳市城乡规划局关于《绵阳科技城国际会展中心二期有关问题的规划意见》(2013.03.04)
6、建筑专业提供的平、立、剖面图。

三、设计范围：
1、商业公共卫生间通风系统设计；
2、商业通风系统设计；
3、商业空调系统设计；

四、通风系统设计：
1、公共卫生间排风量按换气次数6次/h计算，设置管道式换气扇。
2、商业大于300m2设置机械排风，排风量按新风量(≥20m³/h.人，预留中央空调)设计。

五、空调系统设计：
1、商业预留变制冷剂流量多联机系统室外机位置，凝结水及排水立管详建施；
2、新风机、末端由厂家提供及安装。

主要设备材料表

序号	名 称	型 号	规 格	单位	数量	备 注
1	混流风机	SWF-I-4.5	L=4243m3/h	台	4	商业送排风
			H=236Pa			
			N=0.55kw			
			噪音≤60dB(A)			
			G=72kg			
1-4	管道式换气扇	BPT-400	风量:220 m³/h	个	6	公共卫生间排风
			功率:28 W			

施工说明

一、总则：
1、所有的设备、主要材料及配件等必须具有出厂合格证并应按设计要求核对其规格。型号无误后方可安装。1
2、必须按经审查批准的设计图纸施工，修改设计或代用设备，材料及配件时必须按照国家所规定的设计变更制度及程序办理，应有设计单位的通知或核定签证，任何单位和个人不得擅自变更设计文件。
3、施工过程中应与土建及其它专业工种相互配合协调，凡管道穿墙、板、梁特别是穿剪力墙处应与土建密切配合，反复核对，共同做好土建留洞及预埋工作。
4、所有暖通空调及防排烟的施工，应由具有相应资质等级的施工企业承担，并由具有专门技术的技工进行安装调试，施工过程中应与土建及其它工种相互配合，与本工种有关的土建工程完毕后，应由土建，设计及施公单位共同会验。

二、风管管材及管道连接：
1、管材：
1)通风均采用铝箔玻镁复合风管材料(非保温型)，密度小于8.5kg/m2，厚度18mm，燃烧防火等级A1级
注：空调及通风系统管道按低压系统设计。
2、风管与设备间采用法兰连接，为保证法兰连接的密封性，在法兰间用不燃型8501密封条作衬垫，排烟风管间采用石棉橡胶板密封。通风排烟管与风机间采用不保温型金属软接。软接长度不小于200mm，软接施工后不得减小风管有效使用面积。
3、管道支吊架与防腐：
1)风管采用支、吊架支撑，风管支吊架详建筑标准设计图集08K132，支、吊架间距根据风管断面确定(详国家有关规定)。所有水平风管贴梁底安装(施工时，局部地方根据各种管线的综合情况做相应调整)；
2)消声器、防火阀应单独设支吊架，防火阀应紧靠防火墙，对不能靠近防火墙的，应将防火阀至防火墙段的风道涂防火涂料。防火阀安装应顺气流方向(与阀体上的标志箭头方向一致)；
3)防腐：风管支吊架除锈后刷红丹两遍，再刷调和漆两遍；
4、风管穿墙处应预留孔洞，风管与洞之间用石棉绳填塞，外面用水泥砂浆抹平；
5、所有风管跨防火分区布置时，外加耐火材料，耐火时间大于2h；
6、所有直角弯头均为消声弯头且加导流片。

三、其它：
1、风管与竖井连接处应密封严密，土建竖井的内壁应平整光滑。
2、设备安装应与土建施工密切配合，土建施工图所注孔洞及预埋管件的尺寸和标注仅作参考，与本工种有关的预留孔洞及预埋管件应以本工种施工图为准。
3、各设备基础、构件等安装另详产品安装说明书。
4、通风系统风机的单位风量耗功率＜0.32
5、本说明未叙及者请按《通风与空调工程施工质量验收规范》GB50243-2002执行。
6、施工过程中对设计作任何修改，须经设计人员和建设单位共同认可。
7、本工程需经消防部门审查同意后方可施工。

					审 定		校 对		工程名称		图纸	设计及施工说明	图 别	设 施	阶段	
		XXX 市建筑设计研究院			审 核		设计负责人						日 期			
					项目负责人		设 计 人		项目名称		名称		图 号	02	比 例	1:100

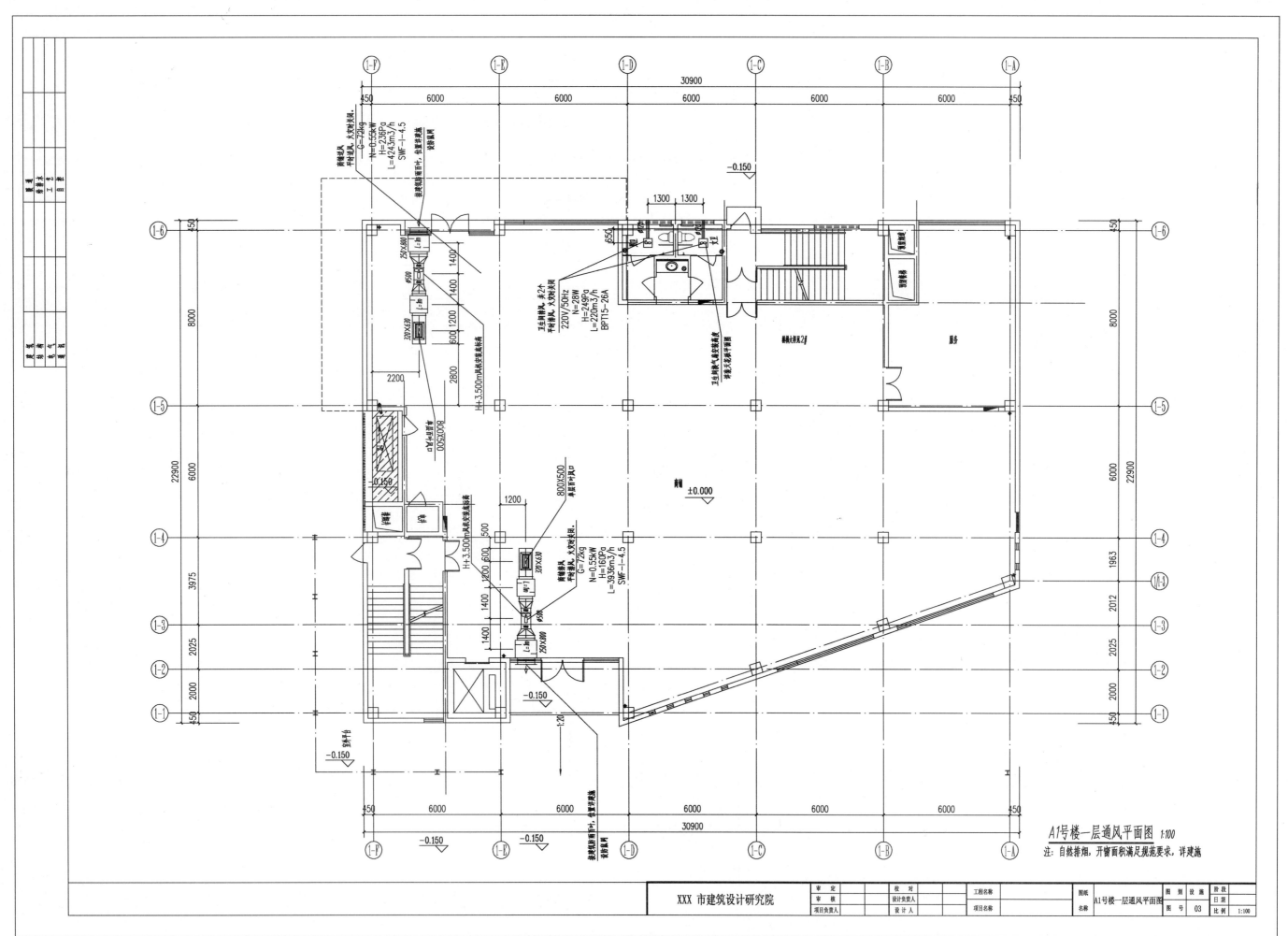

A1号楼一层通风平面图 1:100

注：自然排烟，开窗面积满足规范要求，详建施

XXX 市建筑设计研究院

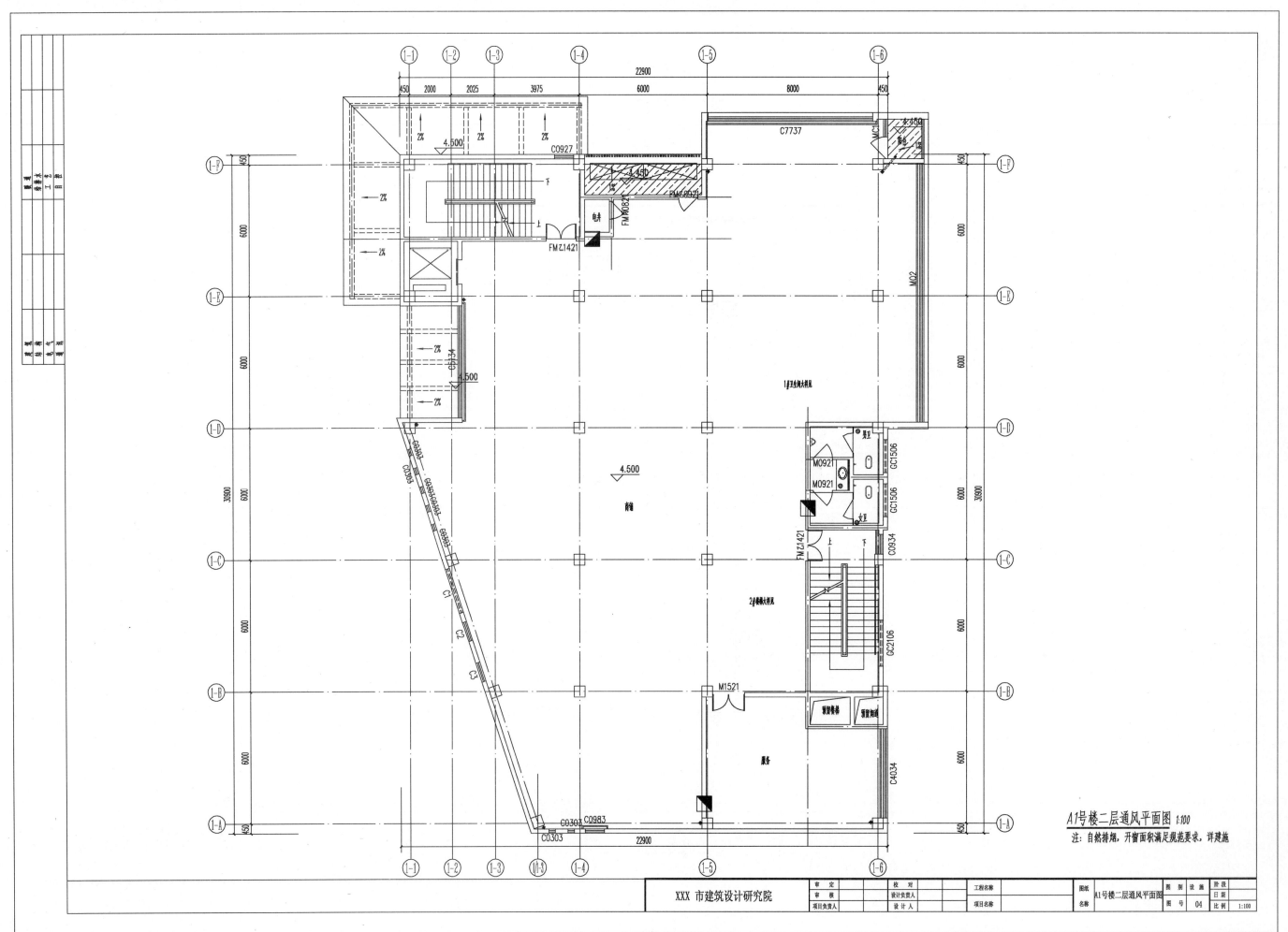

A1号楼二层通风平面图 1:100
注：自然排烟，开窗面积满足规范要求，详建施

XXX市建筑设计研究院

审 定		校 对		工程名称		图纸	A1号楼二层通风平面图	图 别	设 施	阶 段	
审 核		设计负责人				名称		日 期			
项目负责人		设 计 人		项目名称				图 号	04	比 例	1:100
比例 1:100											

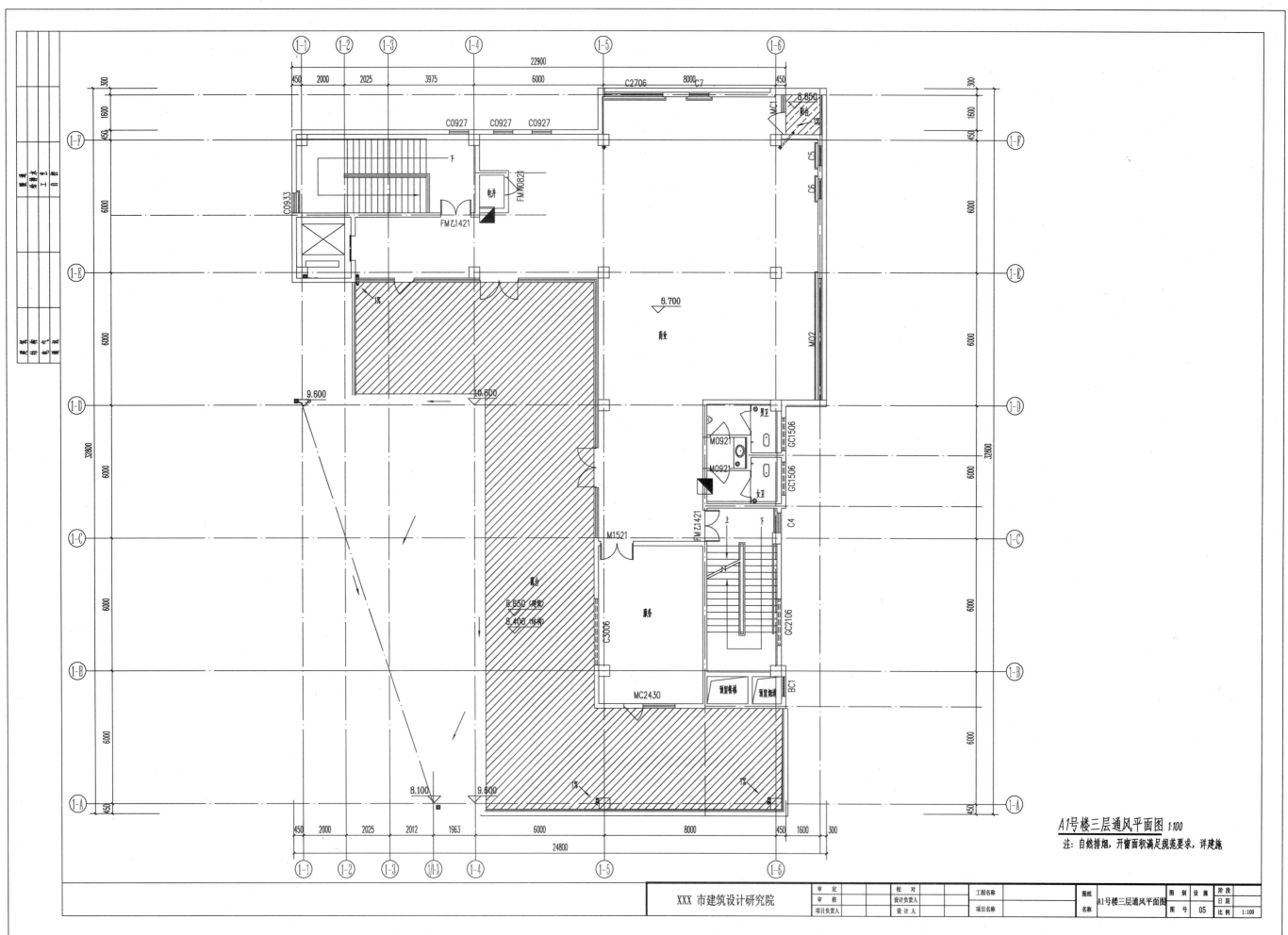

A1号楼三层通风平面图 1:100
注：自然排烟，开窗面积满足规范要求，详建施。

◆ BIM建筑设计效果图 ◆

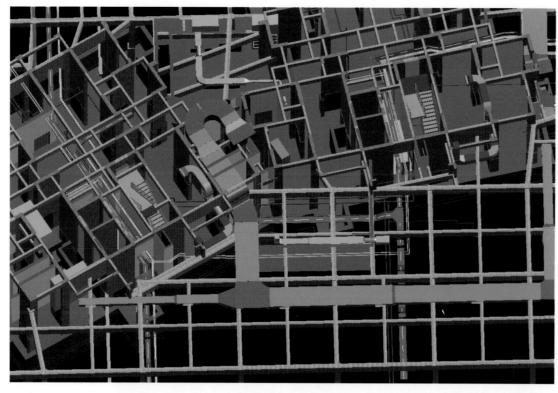

地下室管线综合图01

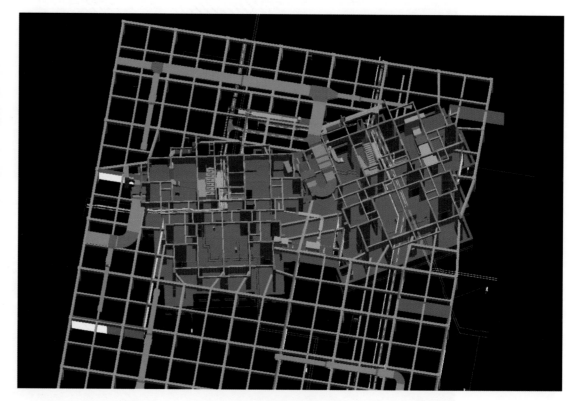

地下室管线综合图02

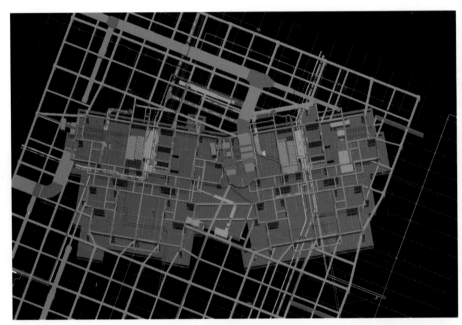

地下室管线综合图03

地下室结构图

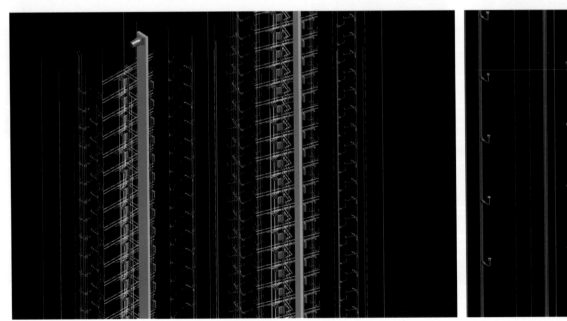

管线综合系统图01

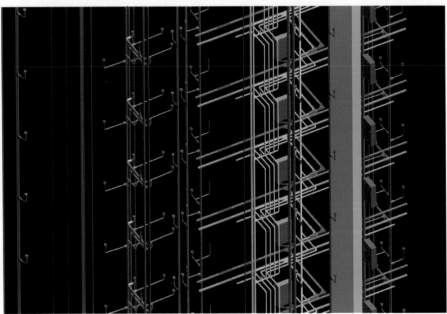

管线综合系统图02

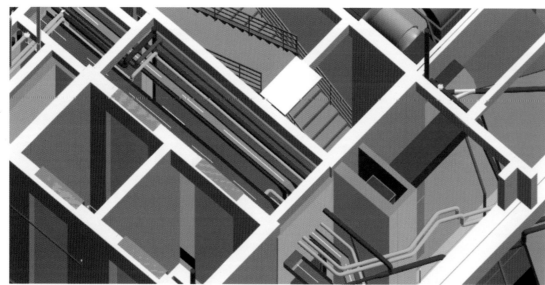

走廊局部管线图

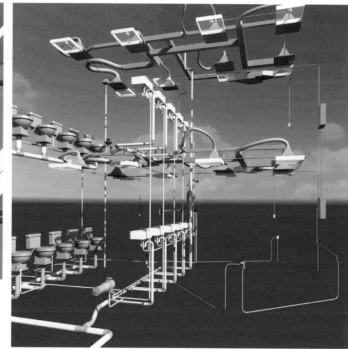

卫生间给排水系统图

建筑模型图01

建筑模型图02

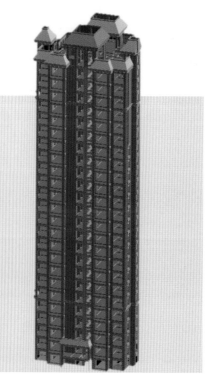

结构图

室外渲染图01

室外渲染图02

室外渲染图03